助力乡村振兴
出版计划

【新型农民职业技能提升系列】

农作物植保员

必备技术

主　编　吕　凯

副主编　郑兆阳　董　伟　魏凤娟

编　委　马书芳　王学林　石　珊　吕国豪　陆道训　朱贤东

　　　　陈　磊　陈　洁　陈爱红　陈　霞　吴　雪　吴飞龙

　　　　张志祥　张　骏　张　强　张奋勇　张立平　宋　伟

　　　　李　伟　查明方　姚卫平　胡秀娟　翁亚伟　曹超杰

　　　　蔡海华　戴四基

U0396228

时代出版传媒股份有限公司
安徽科学技术出版社

图书在版编目(CIP)数据

农作物植保员必备技术 / 吕凯主编. --合肥:安徽科学技术出版社,2022.12

助力乡村振兴出版计划. 新型农民职业技能提升系列

ISBN 978-7-5337-7261-1

Ⅰ.①农…　Ⅱ.①吕…　Ⅲ.①作物-植物保护　Ⅳ.①S4

中国版本图书馆 CIP 数据核字(2022)第 200032 号

农作物植保员必备技术　　　　　　　　　　　　　　　　主编　吕　凯

出 版 人:丁凌云　　　　　　　　选题策划:丁凌云　蒋贤骏　余登兵
责任编辑:高清艳　周璟瑜　　　　责任校对:李　茜
责任印制:廖小青　　　　　　　　装帧设计:冯　劲
出版发行:安徽科学技术出版社　　　http://www.ahstp.net
　　　　　(合肥市政务文化新区翡翠路 1118 号出版传媒广场,邮编:230071)
　　　　　电话:(0551)63533330
印　　制:合肥华云印务有限责任公司　　电话:(0551)63418899
(如发现印装质量问题,影响阅读,请与印刷厂商联系调换)

开本:720×1010　1/16　　　　印张:8.25　　　　字数:107 千
版次:2022 年 12 月第 1 版　　　印次:2022 年 12 月第 1 次印刷

ISBN 978-7-5337-7261-1　　　　　　　　　　　　定价:39.00 元

"助力乡村振兴出版计划"编委会

主　任

查结联

副主任

陈爱军　罗　平　卢仕仁　许光友
徐义流　夏　涛　马占文　吴文胜
　　　　　董　磊

委　员

胡忠明　李泽福　马传喜　李　红
操海群　莫国富　郭志学　李升和
郑　可　张克文　朱寒冬　王圣东
　　　　　刘　凯

【新型农民职业技能提升系列】
（本系列主要由安徽农业大学组织编写）

总主编:李　红
副总主编:胡启涛　王华斌

出版说明

　　"助力乡村振兴出版计划"(以下简称"计划")以习近平新时代中国特色社会主义思想为指导,是在全国脱贫攻坚目标任务完成并向全面推进乡村振兴转进的重要历史时刻,由中共安徽省委宣传部主持实施的一项重点出版项目。

　　计划以服务乡村振兴事业为出版定位,围绕乡村产业振兴、人才振兴、文化振兴、生态振兴和组织振兴展开,由《现代种植业实用技术》《现代养殖业实用技术》《新型农民职业技能提升》《现代农业科技与管理》《现代乡村社会治理》五个子系列组成,主要内容涵盖特色养殖业和疾病防控技术、特色种植业及病虫害绿色防控技术、集体经济发展、休闲农业和乡村旅游融合发展、新型农业经营主体培育、农村环境生态化治理、农村基层党建等。选题组织力求满足乡村振兴实务需求,编写内容努力做到通俗易懂。

　　计划的呈现形式是以图书为主的融媒体出版物。图书的主要读者对象是新型农民、县乡村基层干部、"三农"工作者。为扩大传播面、提高传播效率,与图书出版同步,配套制作了部分精品音视频,在每册图书封底放置二维码,供扫码使用,以适应广大农民朋友的移动阅读需求。

　　计划的编写和出版,代表了当前农业科研成果转化和普及的新进展,凝聚了乡村社会治理研究者和实务工作者的集体智慧,在此谨向有关单位和个人致以衷心的感谢!

　　虽然我们始终秉持高水平策划、高质量编写的精品出版理念,但因水平所限仍会有诸多不足和错漏之处,敬请广大读者提出宝贵意见和建议,以便修订再版时改正。

本册编写说明

在农作物生产中，病、虫、草、鼠害时有发生，对农作物的安全生产造成了不同程度的危害。本书根据《农作物植保员国家职业技能标准》(2020年版)的相关要求编写，立足于现阶段我国农作物植保从业人员的文化、技术水平实际，从强化培养生产操作技能、掌握实用技术的角度出发，分初、中、高三级详细讲解预测预报、病虫害综合防治及农药(械)使用三大板块的理论知识及生产技能要求，强调实际操作技能的指导，注意理论与实践相结合。

本书采用文字、图片与视频相结合的方式，通过生产现场真人演示、生产现场真实场景拍摄、高清图文标注、精彩动画演示、通俗的语言表达等更多维度、更加直观的表现手法，力求做到枯燥的理论通俗化，全面、系统地向读者呈现一本高质量的农作物植保员职业培训和职业技能鉴定参考图书。

本书附有专题二维码，读者可以选择阅读书中文字，也可以选择扫码观看视频。通过阅读文字内容和观看视频相结合的方式，读者不仅能更容易理解和记忆相对枯燥的基础理论知识，还能对所介绍的操作技能达到一看就会的目的。

本书可供农作物植保员、植保科技工作者及在种植专业合作社从事植保作业的人员阅读与参考借鉴，也可作为农作物植保员的职业培训和职业技能鉴定工具书。

目　录

农作物植保员
必备技术

第一章　初级农作物植保员必备技术
——农作物病虫基础知识

本章主要内容包括农作物害虫基础知识、农作物病害基础知识。

在农作物害虫基础知识部分，初级农作物植保员要求能掌握昆虫的外部形态和昆虫的生物学特性。在农作物病害基础知识部分，初级农作物植保员要求能掌握植物病害的类型与症状、植物病害的病原及诊断等内容。

▶ 第一节　农作物害虫基础知识

农作物害虫狭义上是指为害农作物的昆虫，广义上还包括为害症状与昆虫为害症状相近的螨类、软体动物等。

一　昆虫的外部形态

昆虫成虫的体躯明显地分为头、胸和腹3个体段（图1-1），头部是昆虫的感觉和取食中心，胸部是昆虫的运动中心，腹部是昆虫的新陈代谢和生殖中心。

昆虫的头部一般都有1对触角，位于头部前方或额的两侧，起到触觉、嗅觉、听觉等作用。触角常作为识别昆虫种类和区分性别的重要特征（图1-2）。比如，蝇类为具芒状触角，鳃金龟科昆虫为具鳃片状触角，小地老虎雄蛾为双栉齿状触角、雌蛾为丝状触角。

图1-1　昆虫的外部形态

　　昆虫成虫的眼有复眼和单眼两种(图1-3),是昆虫的视觉器官。昆虫一般都有1对复眼,位于头部的前侧方或上侧方,由一个至多个小眼组成,外形比较大,有圆形、卵圆形、肾形等,能分辨光的强度、波长和近距

蝇类为具芒状触角

鳃金龟科昆虫为具鳃片状触角

小地老虎雄蛾为双栉齿状触角

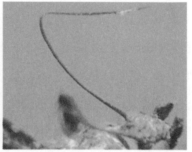

小地老虎雌蛾为丝状触角

图1-2　昆虫的触角

图1-3　昆虫的复眼和单眼

离物体的形状。单眼分为背单眼和侧单眼。背单眼位于昆虫头部额区或头顶,侧单眼位于头部两侧的颊区。背单眼只能感觉光的强弱与方向,不能成像,也不能分辨颜色。

口器是昆虫的取食器官,根据食性和取食方式不同,分为咀嚼式、刺吸式、虹吸式、舐吸式、锉吸式、嚼吸式等多种类型(图1-4)。农作物害虫主要是咀嚼式、刺吸式和锉吸式三大类口器。

昆虫的胸部是体躯的第2体段,由前胸、中胸和后胸3个体节组成。每一胸节各有1对胸足,分别称为前足、中足和后足。

多数昆虫的成虫在中胸和后胸上还各有1对翅,分别称为前翅和后翅。昆虫在幼体时期是没有翅的。昆虫的翅(图1-5)分为膜翅、鞘翅、半鞘翅、鳞翅等多种类型,它是昆虫分目的主要依据。

昆虫的胸足有步行足、跳跃足、捕捉足、游泳足、携粉足、开掘足等多种类型。

昆虫的腹部是体躯的第3体段,里面包藏着主要的内脏器官,后端着生外生殖器。昆虫的腹部是新陈代谢和生殖中心。

咀嚼式口器

刺吸式口器

锉吸式口器

图1-4 昆虫的口器

膜翅

鞘翅

半鞘翅

鳞翅

图1-5 昆虫的翅

二 昆虫的生物学特性

了解昆虫的生物学特性,对于害虫防治有着十分重要的意义。

1. 昆虫的繁殖

昆虫的繁殖方法是多种多样的,从不同角度可以分为不同的类型。根据受精的机制,可以分为两性生殖和孤雌生殖;根据产出子代的虫态,可以分为卵生和胎生;根据每卵产生子代的个数,可以分为单胚生殖和多胚生殖。

2. 昆虫的发育特点

昆虫在从卵孵化开始至成虫性成熟的发育过程中,其外部形态和内部构造等会发生阶段性变化,称为变态。昆虫的变态可分为表变态、原变态、不完全变态和完全变态,其中以不完全变态和完全变态最为常见。

不完全变态的昆虫一生经过卵、若虫和成虫3个阶段。若虫的外部形态和生活习性与成虫很相似,只是在个体大小、翅膀及生殖器官等方面存在差异;完全变态的昆虫一生经过卵、幼虫、蛹、成虫4个阶段,幼虫在外部形态和生活习性上与成虫截然不同。

从产下卵到孵出幼虫或若虫所经历的时间称为卵期。昆虫的卵是一个大型的细胞,各种昆虫卵的大小、形状各不相同,多数昆虫将卵产在植物表面,有的将卵产在植物组织内,还有的产在土壤中、寄主体内等。

昆虫自卵孵化为幼体起到幼体发育成蛹(完全变态昆虫)或成虫(不完全变态昆虫)的整个发育阶段称为幼虫期,昆虫的虫龄用脱皮次数作指标,从卵孵化到第一次脱皮前的幼虫称为1龄幼虫,以后每脱皮1次就增加1龄。害虫防治一般控制在卵孵化盛期至低龄幼虫或若虫阶段。

完全变态的幼虫老熟后,就停止取食,寻找适当场所,逐渐缩短、变粗体躯,减少活动,进入化蛹前的准备阶段,这个阶段称为预蛹。预蛹脱

去最后一次皮变成蛹的过程,称为化蛹。从化蛹起到变为成虫所经历的时间称为蛹期。

昆虫的蛹,从外观上看不吃不动,实际上其内部正进行着幼虫器官解体和成虫器官形成的激烈生理变化,并最终发育为成虫。

成虫从羽化起直到死亡所经历的时间称为成虫期。不完全变态昆虫的末龄若虫脱皮变为成虫或完全变态昆虫的蛹脱去蛹壳变为成虫,称为羽化。

有些昆虫羽化后,性器官已经成熟,不需要取食就能交配、产卵,这类昆虫的成虫期是不危害作物的,它们的寿命往往较短,雌虫产卵后不久就会死亡。有些昆虫,羽化后生殖器官还没有完全成熟,需要继续取食,补充营养,才能达到性成熟,这类昆虫的成虫寿命较长。

大多数昆虫雌雄成虫个体的形态相似,只有外生殖器等第一性征不同。但也有少数昆虫的雌雄个体除第一性征不同以外,在体形、色泽和生活行为等第二性征方面也存在着差异。例如,独角仙、锹形甲的雄成虫,头部具有角状突起或特别发达的上颚,而雌成虫则没有;介壳虫的雌成虫无翅,而雄成虫有翅。像这样雌雄两性在形态上有明显差异的现象,称为雌雄二型。也有些昆虫,在同一时期、同一性别中,存在两种或两种以上的个体类型,称为多型现象。如飞虱有长翅型和短翅型个体,蚜虫有有翅型和无翅型个体等。

3. 昆虫的习性

昆虫的习性主要体现在食性、趋性、假死性、群集性、扩散与迁飞性等方面。掌握昆虫的习性,可以为我们制定控制害虫的策略提供重要依据。

昆虫的食性分为植食性、肉食性、腐食性和杂食性。植食性昆虫以植物活体为食(图1-6),约占已知昆虫种类的45.6%,农作物害虫大多属于这一类。根据取食植物种类的多少又可以分为单食性、寡食性和多食性昆虫。单食性昆虫只取食一种植物;寡食性昆虫能取食几种植物,一般只取食一科或近缘科的多种植物;多食性昆虫能取食不同科属的多种植物。

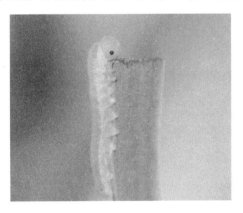

图1-6 麦叶蜂取食小麦叶片

肉食性昆虫以其他动物的活体为食(图1-7),约占已知昆虫种类的37.1%。按取食方式的不同,可分为捕食性和寄生性两种。捕食性昆虫是捕捉其他动物作为食物的昆虫,如七星瓢虫;寄生性昆虫是指寄生于其他动物的体表或体内的昆虫,如赤眼蜂。杂食性昆虫既取食植物性食物又取食动物性食物,如蚂蚁。腐食性昆虫取食腐烂动、植物等,与农业关系不密切,如粪蝇。

图1-7 七星瓢虫取食蚜虫

昆虫的趋性指的是昆虫对外界刺激所表现的趋向或回避行为,趋向刺激源称为正趋性,避开刺激源称为负趋性。按刺激源的性质,趋性可分为趋光性、趋化性和趋温性等。

利用昆虫的趋性,我们可以采用灯光、色板、热源、化学物质等配合其他措施来诱捕、诱杀害虫(图1-8)。

图1-8　用杀虫灯、粘虫板诱杀害虫

昆虫的假死性指的是昆虫遇到惊扰时,蜷曲身体、停止活动,或从植株上坠落到地面,假装死亡的现象,这是昆虫逃避敌害的一种自卫反应。假死的昆虫经过一段时间后就会恢复活动。

利用昆虫的假死性,我们可以采用振落法捕杀金龟子、黏虫的幼虫等具有这种习性的害虫。

昆虫的群集性是指同种昆虫的大量个体高密度地聚集在一起的习性,它是害虫防治可以被利用的重要习性。昆虫的群集性有临时群集和永久群集两种,临时群集只是在某一虫态和某一段时间内群集在一起,过后就分散,如二化螟初龄幼虫群集在一起,老龄时则分散为害;永久群集是指昆虫终生群集在一起,而且群体向同一方向迁移或远距离迁飞,如群居型飞蝗。

在昆虫的扩散与迁飞性习性方面,扩散是指昆虫在个体发育中,为了取食、栖息、交配、繁殖和避敌等,在小范围内不断进行的分散行为。

如菜蚜在环境条件不适时,以有翅蚜在蔬菜田内扩散或向邻近菜地转移,对这类害虫,我们应当在扩散前进行防治。迁飞是昆虫在一定的季节内、一定的成虫发育阶段,有规律地、定向地、长距离迁移飞行的行为,如东亚飞蝗、黏虫、褐飞虱、稻纵卷叶螟等。了解昆虫的扩散与迁飞习性,对准确预报、设计合理的综合防治方案具有重要意义。

▶ 第二节 农作物病害基础知识

一 植物病害的类型与症状

植物因受到不良环境的影响或遭受其他生物的侵害,其代谢过程受到干扰和破坏的程度超过植物所能忍受的上限,使得植物在生理、组织和形态方面发生一系列的病理变化,并呈现出各种不正常的状态甚至死亡的现象,称为植物病害。根据病原不同,我们可以将植物病害分为非侵染性病害和侵染性病害两大类。

非侵染性病害又称生理性病害或非传染性病害,不具有传染性,在田间呈片状或条状分布,在环境条件改善后可以得到缓解。常见的非侵染性病害有缺素症、旱害、涝害、寒害、高温伤害等。

侵染性病害是由病原生物侵染所引起的,具有传染性,病害发生后植物不能恢复常态。一般初发有一个病株分布相对比较多的发病中心,病害由少到多、由轻到重,逐步蔓延、扩散。

植物感病后,外表的不正常表现称为症状,包括病状和病征两方面。病状是指植物本身表现出的各种不正常状态,病征是指病原物在植物发病部位表现的特征。植物病害都有病状,而病征只有在真菌、细菌

所引起的病害中才有明显的表现。

植物病状包括变色、坏死(图1-9)、腐烂、萎蔫、畸形等类型,植物病征包括霉状物、粉状物、锈状物、粒状物、脓状物(图1-10)等类型。各种病害大多有其独有的特征,因此常常将这些特征作为田间诊断的重要依据。需要注意的是,同一种病害,在不同寄主部位、不同生育期、不同发病阶段和不同环境条件下,可表现出不同的症状,而不同的病害有时可以表现出相似的症状。所以,依据病害的症状,只能对病害做出初步诊断,必要时还需要进行病原物鉴定。

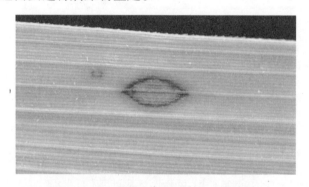

图1-9　坏死

图1-10　脓状物

二　植物病害的病原

植物侵染性病害的病原生物主要有真菌、细菌、植物菌原体、植物病源病毒和类病毒、线虫、寄生性种子植物等。植物非侵染性病源的种类主要有营养失调、土壤水分失调、温度不适宜、光照不适宜、土壤酸碱度不适宜和有毒物质的影响等。

当前农业上发生的重要病害,主要是由真菌、细菌、病毒和线虫引起的,其中由真菌引起的病害最多,其次为病毒和细菌。

三 植物病害的诊断

植物病害种类繁多,发生规律各不相同,只有对植物病害做出正确诊断,找出病害发生的原因,确定病害的种类,才能根据病原特性和发病规律制定切实可行的防治措施。

植物病害的诊断分为田间观察与症状诊断、室内病原鉴定两大步骤。通过田间观察,初步判断病害类别。对于症状表现不明显、难以鉴别的病害,我们可以连续观察或人工保湿、保温培养,待症状充分表现后再进行诊断。

对于仅用肉眼观察并不能确诊的病害,我们就需要在室内借助仪器设备进行病原鉴定,比如用显微镜观察病原物形态。对于某些新的或少见的真菌和细菌性病害,我们还需要进行病原物的分离、培养和人工接种试验,才能确定真正的致病菌。

1. 非侵染性病害的诊断

非侵染性病害是由不良环境引起的,一般在田间表现为较大面积的同时均匀发生,没有逐步传染扩散的现象,除少数由高温或药害等引起的局部病变(如灼伤、枯斑)外,通常发病植株表现为全株性发病。从病株上看不到任何病征。非侵染性病害的诊断有时比较复杂。诊断时一般可以依据以下特征:独特的症状且病部无病征;田间往往大面积同时发生,无明显的发病中心;病株表现症状的部位有一定的规律性;与发病

因素密切相关,若采取相应的措施,改变条件,植株一般可以恢复健康。

2. 真菌病害的诊断

真菌病害的主要病状是坏死、腐烂、萎蔫,少数为畸形,在发病部位常产生霉状物、粉状物、锈状物、粒状物等病征。可根据病状特点,结合病征的出现,用放大镜观察病部病征类型,确定真菌病害的种类。如果病部表面病征不明显,可将发病组织用清水洗净后,经保温、保湿培养,待病部长出菌体后制成临时玻片,用显微镜观察病原物的形态。

3. 细菌病害的诊断

细菌病害的主要症状是斑点、溃疡、萎蔫、腐烂和畸形等。多数叶斑受叶脉限制呈多角形或近圆形。病斑初期呈水渍状或油渍状,边缘常有褪绿的黄色晕圈。多数细菌病害在发病后期,在潮湿条件下,会从病部的气孔、水孔、皮孔及伤口处溢出脓状物,这是细菌病害区别于其他病害的主要特征。腐烂型细菌病害的一个重要特点是腐烂组织黏滑,并且往往有臭味。

切片检查有没有菌喷现象是诊断细菌性病害简单又可靠的方法。具体做法是切取一小块病健部交界的组织,放在玻片上的水滴中,盖上盖玻片,在显微镜下观察,如切口处有云雾状细菌溢出,说明是细菌性病害。对萎蔫型细菌病害,将病茎横切,可见维管束变褐色,用手挤压,可从维管束中流出浑浊的黏液,利用这个特点可以将细菌性病害与真菌性枯萎病区别开。

4. 病毒病害的诊断

植物患病毒病有病状、没有病征。病状多表现为花叶、黄化、矮缩、丛枝等,少数为坏死斑点。感病植株多为全株性发病,少数为局部发病。在田间,一般心叶首先出现症状,然后扩散至植株的其他部分。此外,随着气温的变化,特别是在高温条件下,病毒病常会发生隐症现象,即植物虽然已经感染病毒,但外观上不表现出病态。

病毒病的症状容易与非侵染性病害混淆,诊断时要仔细观察和调查,注意病害在田间的分布,综合分析气候、土壤、栽培管理等与发病的关系,以及病害扩展与传毒昆虫的关系等。必要时还需采用汁液摩擦接种、嫁接传染或昆虫传毒等接种试验,以便证实其传染性,这是诊断病毒病的常用方法。

5. 线虫病害的诊断

线虫多数会引起植物地下部发病,病害是缓慢的衰退症状,很少有急性发病。通常表现为植株矮小、叶片黄化、根部生长不良,以及形成虫瘿、肿瘤、根结等。

鉴定时,可剖切虫瘿或肿瘤部分,用针挑取线虫制片,或用清水浸渍病组织,或做病组织切片镜检。有些植物线虫不产生虫瘿和根结,可通过漏斗分离或叶片染色法检查。必要时可用虫瘿、病株种子、病田土壤等进行人工接种。

我们在诊断植物病害时,要充分认识到植物病害症状的复杂性,注意防止病原菌和腐生菌的混淆,仔细区分病害、虫害和伤害,避免侵染性病害和非侵染性病害发生混淆,防止发生误诊,贻误防治。

第二章 初级农作物植保员必备技术
——预测预报

本章主要内容包括病虫识别、病虫田间调查、数据整理、病虫信息的传递。

在预测预报部分,农作物植保员要能够识别当地农作物主要病虫15种以上,能进行常发性病虫发生情况调查,能进行百分率、平均数和虫口密度等的简单计算,能及时、准确地传递病虫信息。

▶ 第一节 病虫识别

水稻主要病害有稻瘟病、水稻白叶枯病、水稻纹枯病,主要虫害有水稻螟虫、稻飞虱、稻纵卷叶螟。

一 稻瘟病识别

稻瘟病按照发生时期及部位不同,可分为苗瘟、叶瘟、节瘟、穗颈瘟和谷粒瘟。

苗瘟(图2-1)一般在三叶期前发生,初期在芽和芽鞘上出现水渍状斑点,后期基部变成黑褐色,并且卷缩枯死。

叶瘟发生在三叶期以后的秧苗期和成株期的叶片上,病斑随品种和气候条件的不同,分为慢性型(图2-2)、急性型、白点型和褐点型4种类型。慢性型病斑是稻瘟病的典型特征,病斑呈梭形或纺锤形,中间部位

图2-1　苗瘟

为灰白色,外围有黄色晕圈,两端有沿叶脉延伸的褐色坏死线。在潮湿的情况下,叶背面常有灰绿色霉层。叶片上病斑比较多的时候,会连接形成不规则的大斑,发病重时,叶片会枯死。

急性型病斑为暗绿色水渍状,大多为椭圆形或近圆形,发病叶片的正反两面都有大量的灰色霉层。出现这种病斑往往预示着稻瘟病的大流行。天气转晴或用药防治后,可转变为慢性型病斑。白点型病斑多出现在水稻上部的嫩叶上,呈圆形或近圆形白色小点,没有霉层。褐点型病斑多在气候干燥的条件下,发生在抗病品种或稻株下部的老叶上,为

图2-2　慢性型叶瘟

褐色小点,多在叶脉间,没有霉层。

节瘟(图2-3)通常在水稻抽穗后,发生在穗颈下的第一节、第二节,病节凹陷,变成黑褐色,容易折断。

图2-3 节瘟

穗颈瘟(图2-4)发生在水稻主穗梗到第一枝梗分枝的中间部分,枝梗和穗轴也可能会受到侵染,病斑呈褐色。发病早而重的,穗部枯死,产生白穗、发病晚的,秕谷增多。

图2-4 穗颈瘟

二 水稻白叶枯病识别

水稻白叶枯病主要为害成株期叶片,症状因水稻品种、发病时期及侵染部位的不同而不同,一般可分为叶枯型、急性型、凋萎型、中脉型、黄化型,其中以叶枯型最为常见。

叶枯型(图2-5)多从叶尖或叶缘开始产生黄绿或暗绿色的水渍状小斑点,以后沿叶缘上下扩展,形成黄褐色或枯白色长条斑,病斑可达叶片基部。在发展过程中,病、健交界线明显,粳稻常呈波纹状,籼稻常呈直线状。

图2-5　叶枯型白叶枯病

急性型常在多肥、植株嫩绿、天气阴雨闷热及品种极易感病的情况下出现。病叶为青灰或暗绿色,迅速失水、卷曲,呈青枯状,这类症状表示病害正在急剧发展。

凋萎型又称枯心型,多在苗期至拔节期发生,心叶与心叶下一叶失水青枯,逐渐枯黄凋萎,形成枯心状,很像虫害造成的枯心苗,但茎部没有虫蛀孔,可溢出黏稠的黄色菌脓。

中脉型(图2-6)多在孕穗期发生,从叶片中脉开始发病,呈淡黄色条

斑,后期沿中脉呈枯黄色条斑,纵折枯死,或半边枯死、半边正常。上面这四种类型的病害,在潮湿时都有黄色菌脓出现,菌脓浑浊有黏性,干了以后呈鱼子状黏附在病叶上面。

图2-6 中脉型白叶枯病

黄化型病叶均匀褪绿,叶基部有黄色或黄绿色条斑。与其他类型的白叶枯病不同的是,它没有菌脓,只在节间存在大量的细菌。

（三）水稻纹枯病识别

水稻纹枯病(图2-7)在水稻整个生育期内均可发生,以水稻抽穗前后受害最重。水稻纹枯病主要为害叶鞘和叶片,严重时可侵入茎秆并蔓延至穗部。叶鞘发病时,先在近水面处出现暗绿色的水渍状小斑,后扩大成椭圆形病斑,病斑边缘呈暗褐色,中央呈灰绿色,扩展迅速,受害严重时,数个病斑可以融合成一个大斑,叶鞘干枯,叶片随之枯黄。叶片发病与叶鞘病斑相似,但是形状不规则,病情严重时,病部呈浅绿色,像被开水烫过,叶片很快青枯腐烂。发病严重时,病斑不断往上蔓延,剑叶叶鞘受害,往往不能正常抽穗。湿度大时,病部可见许多白色菌丝,随后菌丝集结成白色的绒球状菌丝团,最后形成萝卜籽大小的暗褐色菌核。

a.叶片症状　　　　　　　　　　　　　　b.叶鞘症状

图2-7　水稻纹枯病

（四）水稻螟虫

水稻螟虫俗称钻心虫,我国主要有三化螟、二化螟(图2-8)和大螟(图2-9),均以幼虫钻蛀水稻茎秆为害,造成枯心和白穗。

三化螟雌成虫为黄白色,前翅近三角形,中央有1个黑点,腹末端有棕黄色绒毛,体长约12毫米;雄成虫为灰褐色,体形比雌蛾稍小,前翅中央也有1个小黑点,从顶角至后缘有1条暗色斜纹,外缘有7个小黑点。卵为扁平椭圆形,分层排列成椭圆形卵块,卵块上覆盖棕黄色绒毛。三化螟幼虫体淡黄色,腹足退化,老熟时体长21厘米左右。蛹瘦长,约13毫米,黄白色,后足伸出翅芽外,雄蛹伸出比较长。

 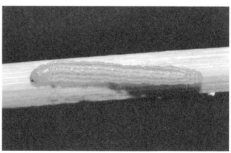

a.成虫　　　　　　　　　　　　　　　b.幼虫

图2-8　二化螟

19

a.成虫 b.幼虫

图2-9 大螟

二化螟成虫体长10~15毫米,呈淡灰色,前翅近长方形,中央没有黑点,外缘有7个小黑点,排成1列,雌蛾腹部呈纺锤形,雄蛾腹部呈细圆筒形。卵为扁平椭圆形,卵块为长椭圆形,呈鱼鳞状单层排列,表面有胶质,初产时乳白色,后渐变为茶褐色,近孵化时为黑色。幼虫呈淡褐色,体背有5条紫褐色纵纹,老熟时体长20~30毫米。蛹为圆筒形,呈黄褐色,长11~17毫米,左右翅芽不相接,后足不伸出翅芽端部。

大螟雌成虫体长约15毫米,雄成虫体长10~13毫米。体灰褐色,前翅近长方形,翅中部有1条明显暗褐色色带,色带上下方各有2个黑点,排列成不规则的四方形,后翅为银白色。大螟的卵为扁球形,表面有放射状细隆起线,初产时呈白色,近孵化时呈淡紫色,卵粒常2~3行排列成带状。幼虫体粗壮,头呈红褐色,体背面呈紫红色,体长30毫米左右。蛹肥壮,长13~18毫米,为长圆筒形,呈淡黄至褐色,头胸部有白粉状分泌物。左右翅芽有一段相接,后足不伸出翅芽端部。

（五）稻飞虱识别

为害水稻的飞虱主要有褐飞虱、白背飞虱和灰飞虱。稻飞虱以成虫、若虫群集在稻丛基部为害,刺吸叶鞘和茎秆汁液,并且还在叶鞘组织内产卵,使叶鞘出现褐色纵纹,严重时造成水稻茎基部变黑腐烂,全株倒伏枯死,在田间形成枯死窝。

稻飞虱雌雄成虫有长翅型和短翅型之分,这里我们主要介绍褐飞虱的形态特征。褐飞虱成虫(图2-10)有褐色、茶褐色或黑褐色,头顶较宽,小盾片呈褐色,有3条隆起线,翅呈浅褐色。

图2-10 褐飞虱成虫

褐飞虱的卵为香蕉形,10~20粒成行排列,前部单行,后部挤成双行,卵帽稍稍露出。

1~2龄若虫为灰褐色,腹面有1个明显的乳白色"T"形纹,2龄时腹背三、四节两侧各有1对乳白色斑纹,3~5龄若虫为黄褐色,腹背三、四节白色斑纹扩大,5至7节各有几个"山"字形浅色斑纹,翅芽明显。

(六) 稻纵卷叶螟识别

稻纵卷叶螟(图2-11)俗称卷叶虫,是为害水稻叶片的重要迁飞性害虫,以幼虫吐丝结包为害。幼虫在苞内取食上表皮和叶肉,留下一层透明表皮,形成白色条斑。大发生时,田间虫包累累,白叶满田。

稻纵卷叶螟成虫为黄褐色,体长7~9毫米,翅展16~18毫米。前翅近三角形,由前缘至后缘有2条褐纹,中间还有1条短褐纹,前后翅的外缘

均有暗褐色宽边。雄蛾体色较深,在前翅前缘中央有1丛暗褐色毛。

稻纵卷叶螟的卵呈扁平椭圆形。初产时为白色,后变成淡黄色,近孵化时可见黑点。

稻纵卷叶螟末龄幼虫体长14~19毫米,头呈褐色,胸腹部呈淡黄色,老熟时为橘黄色,前胸背板有1对黑褐色斑,中胸、后胸背面各有8个毛片分成两排,前排6个、后排2个。

a.成虫　　　　　　　　　　　　　b.幼虫

图2-11　稻纵卷叶螟

稻纵卷叶螟的蛹呈圆筒形,长7~10毫米,初为黄色,后转为褐色,末端较尖削,有8根尾刺。

▶ 第二节　病虫田间调查

病虫田间调查分为系统调查和大田普查两种类型,采取抽样法,常用的取样方法包括5点取样、单对角线取样、双对角线取样、棋盘式取样、平行跳跃式取样和"Z"形取样等。

一般密集的或成行的植株、随机分布的病虫害种群适宜采用5点取样、单对角线取样、双对角线取样方法。成行栽培的作物、核心分布的病虫害种群适宜采用平行跳跃式取样方法。嵌纹分布的病虫害适宜采用"Z"形取样方法。

下面,我们简单介绍一下水稻的几种常见病虫田间调查的方法。

一 稻瘟病叶瘟普查

稻瘟病叶瘟普查在分蘖末期和孕穗末期各进行1次,按病情程度选择轻、中、重3种类型田,每类型田查3块田,每块田查50丛稻的丛发病率、5丛稻的绿色叶片病叶率。

稻瘟病叶瘟普查采用5点取样,每点直线隔丛取10丛稻,调查病丛数,选取其中有代表性的1丛稻,查清绿色叶片的病叶数。公式:病丛率(%)=(发病的丛数÷调查的总丛数)×100%,病叶率采用同样的方法计算。

二 稻纹枯病的大田普查

在大田普查时,选择有代表性的测报点3~5个,在分蘖盛期、孕穗期、蜡熟期各调查1次,选生育期早、中、迟或长势好、中、差的3种类型田的主栽品种各1块。

调查取样时,每块田平行10点取样,每点10丛,共查100丛,前两次只计算病丛率。最后一次调查时,随机选取其中20丛,查出总株数、病株数,计算出病丛率、病株率。

三 稻飞虱大田虫情普查

稻飞虱大田虫情普查的时间是在主害前一代若虫2、3龄盛期查1次,主害代防治前10天和防治后10天各查1次,共查3次。每次成虫迁入峰后,立即普查1次田间成虫迁入量。调查时,要求每个调查区每种主要水稻类型田至少查20块,总面积不少于1公顷。采用平行跳跃式取

样,每块田取5~10点,每点2丛。用盘或盆拍查,内壁不涂粘虫胶,即拍即数成虫、高龄若虫和低龄若虫的数量,计算虫口密度。

四 二化螟虫口密度调查

二化螟的冬前虫口密度,在晚稻收割时调查1次。冬后及各发生世代,在化蛹始盛期前后各调查1次。

冬前调查,根据稻作、品种或螟害轻重情况,划分2~3个类型田,每个类型田选择3~4块,用平行跳跃式或双行直线连续取样法割取水稻200丛,剥查并计算稻桩和稻草内虫口密度。

冬后调查,选有代表性的绿肥留种田和春花田各3~5块,采取多点随机取样或5点取样,每点量取一定面积,将所有外露和半外露的稻桩进行剥查。二化螟越冬场所比较复杂,冬后有效虫源除稻桩外,还有稻草、茭白、春花植株等,如虫口在当地占有一定比例也需要调查。稻草取样,采取分户、分散抽取稻草10千克以上,剥查并计算虫口密度。调查春花植株虫口密度,各种春花田选2~3丘,每丘查5点,计10~20平方米,先查植株茎秆是否被蛀害,然后劈开被蛀害植株,检查死虫、活虫数。

发生世代调查,根据当地稻作、品种或螟害轻重划分类型田,每类型选有代表性田3丘以上,采用平行跳跃式取样法调查200丛。在螟害轻的年份或田块,除适当增加调查丛数外,也可采取双行直线连续取样法;特轻田块,抽查1000~1500丛。拔取所有被害株,剥查死虫、活虫数,计算出虫口密度和死亡率。

第三节　数据整理

　　田间调查获得的大量资料,必须经过整理、简化、计算和比较分析,才能用于病虫预测预报。

　　在田间调查资料的数据整理中,我们需要计算发病率和虫口密度。那么如何来计算这两类数据呢?

　　发病率也叫作普遍率,分别用病丛率、病株率、病叶率、病穗率表示,说明发病的普遍程度,公式:发病率(%)=(发病株数、叶数、穗数、丛数÷调查总株数、总叶数、总穗数、总丛数)×100%。虫口密度表示一个单位内的害虫数量,公式:虫口密度=调查总虫数÷调查总单位数。

　　一般统计调查数据时,多采用算术法计算平均数,计算方法可视样本的大小或代表性,采用直接计算法或加权计算法。直接计算法一般用于小样本资料,如果样本容量大,并且观察值在整个资料中出现的次数不同,就需要用加权计算法来进行计算了,加权计算法通常用来求一个地区的平均虫口密度或被害率、发育进度等。

　　"$\overline{X} = \dfrac{x_1 + x_2 + ... + x_n}{n} = \dfrac{\sum\limits_{1}^{n} x}{n}$"是用直接计算法计算平均数的公式,$\overline{X}$表示平均数,$x_1, x_2, \cdots, x_n$表示各个观察值,$n$表示观察的总次数,$\sum\limits_{1}^{n}$表示从第1次到第$n$次各个观察值相加的总和。如调查某田地下害虫,查得每平方米的害虫头数为1、3、2、1、0、4、2、0、3、3、2、3,共查了12次,那么每平方米的害虫头数应该是$\overline{X} = \dfrac{1 + 3 + 2 + \cdots + 3}{12} = 2$。

"$\overline{x} = \dfrac{f_1x_1 + f_2x_2 + \cdots + f_nx_n}{f_1 + f_2 + \cdots + f_n} = \dfrac{\sum\limits_{1}^{n} fx}{\sum\limits_{1}^{n} f}$" 是求加权平均数的计算公式,式

中 $x_1, x_2, \cdots, x_n$ 表示各个观察值,$f_1, f_2, \cdots, f_n$ 叫作权数,表示各个观察值的次数。将各个观察值乘以自己的次数,经过相加以后,总和再除以次数的总和,所得的商就是加权平均数了。

举例来说,如果查得某村 3 种类型稻田的第二代三化螟残留虫口密度是:双季早稻田查了 60 次,查得每亩平均 30 头;早栽中籼稻田查了 100 次,查得每亩平均 100 头;迟栽中粳稻田查了 10 次,每亩平均 450 头,那么该村第二代三化螟每亩平均残留虫量是

$$\overline{X} = \frac{30 \times 60 + 100 \times 100 + 450 \times 10}{60 + 100 + 10} = 95.9 (头)$$

第四节　病虫信息的传递

病虫发生信息是及时制定决策、有效开展防治的依据,是一种短时效的信息。只有加快病虫发生信息的传递速度,才能充分利用并发挥它的价值。

科学技术的发展为病虫测报的现代化发展提供了契机。当前,农作物病虫测报手段和测报方法的科技含量大大提高,已经从电话、电视、传真、报刊、广播等常规应用工具转为互联网、智能手机等现代化手段。病虫测报正朝着"规范化、自动化、网络化和可视化"的方向发展。

第三章 初级农作物植保员必备技术
——综合防治

本章主要内容包括综合防治的概念、综合防治方案的类型与制定原则、综合防治的主要措施、综合防治措施的实施。

在综合防治部分，初级农作物植保员要能读懂防治方案并且掌握其中的关键点，能利用抗性品种和健身栽培措施防治病虫，能利用灯光、黄板和性诱剂等诱杀害虫。

▶ 第一节　综合防治的概念

综合防治是对有害生物进行科学管理的体系，是从农业生态系统总体出发，根据有害生物和环境之间的相互关系，充分发挥自然控制因素的作用，因地制宜，协调应用必要的措施，将有害生物控制在经济受害允许的水平之下，以获得最佳的经济效益、生态效益和社会效益。

综合防治的概念中包含了经济观点、综合协调观点、安全观点、生态观点等主要观点。

经济观点指的是我们在有害生物防治中，要考虑防治成本与防治收益的问题，即防治成本不能大于防治后所带来的经济效益。综合防治要将有害生物的种群数量控制在经济受害允许的水平之下，而不是彻底消灭，当有害生物种群密度达到防治指标时，才采取防治措施。

综合协调观点指的是必须因时、因地、因虫制宜，有针对性地协调运

用各项必要的防治措施,取长补短,充分发挥各项措施的最大效力,从而取得最好的防治效果。

安全观点指的是综合防治的一切措施必须对人、畜、作物和有益生物安全,符合环境保护原则。

生态观点指的是综合防治必须从农业生态系统的总体观点出发,充分发挥生态系统中自然因素的生态调控作用,创造有利于作物生长发育和有益生物生存繁殖、不利于有害生物发展的生态系统。

▶ 第二节　综合防治方案的类型与制定原则

综合防治方案包括三种类型:一是以个别有害生物为对象,如制定对水稻纹枯病的综合防治方案、小麦吸浆虫的综合防治方案等;二是以作物为对象,如对油菜病虫害的综合防治方案;三是以整个农田为对象,如对某个乡镇的农作物病、虫、草、鼠害的综合防治方案。

综合防治方案应当以建立最优的农业生态系统为出发点,一方面要利用自然控制;另一方面要根据需要,协调各项防治措施,把有害生物控制在经济受害允许的水平之下。这就要求选择的技术措施要符合"安全、有效、经济、简便"的原则,其中,安全是前提,有效是关键,经济与简便是在实践中不断改进和提高后要达到的目标。

▶ 第三节　综合防治的主要措施

农作物有害生物综合防治的主要措施有植物检疫、农业防治、物理机械防治、生物防治和化学防治。

一 植物检疫

植物检疫又称为法规防治,分为对内检疫和对外检疫,是根据国家颁布的法律、法规,设立专门的机构,对国外输入和国内输出,以及国内地区之间调运的种子、苗木及农产品等进行检疫,禁止或限制危险性病、虫、杂草的传入和输出;或者在传入以后限制它们的传播,减少它们的为害效果。

植物检疫具有相对的独立性,但又是整个植物保护体系中不可缺少的一个重要组成部分,能从根本上杜绝危险性病、虫、杂草的传入和传播。

植物检疫的主要措施包括调查研究、掌握疫情、划定疫区和保护区及采取检疫措施等。植物检疫的对象根据每个国家或地区为保护本国或本地区农业生产的实际需要和当地农作物病、虫、草害发生的特点制定。

二 农业防治

农业防治就是运用各种农业技术措施,有目的地改变某些环境因子,创造有利于作物生长发育和天敌发展而不利于病虫发生的条件,直接或间接地消灭或抑制病虫的发生和为害。具体措施有选用抗病虫品种、使用无害种苗、改进耕作制度、加强田间管理等。

培育和推广抗病虫品种,发挥作物自身对病虫害的调控作用,是最经济有效的防治措施。使用无害种苗可以杜绝通过种苗传播病虫害。改进耕作制度包括合理的轮作倒茬、正确的间作套种、合理的作物布局等。实行合理的轮作倒茬可以使病虫发生的环境恶化,减轻一些土传病害和地下害虫的为害。正确的间作套种有助于天敌的生存繁衍或直接

减少虫害的发生。科学调整作物布局可以造成病虫的侵染循环或年生活史中某一段时间的寄主或食料缺乏,从而达到减轻病虫为害的目的。合理密植、适时中耕、科学管理肥水、适时间苗定苗、拔除弱苗和病虫苗、及时整枝打杈、清除杂草、及时清除枯枝落叶等残体等健身栽培措施都能显著增强作物抗御病虫害的能力。此外,利用植物的多样性抑制病虫的发生和流行,利用深耕改土、覆盖技术等防治病虫,也是农业防治的重要措施。

(三) 物理机械防治

物理机械防治是利用光、电、色和温度、湿度等各种物理因子,以及人工、器械等防治有害生物的方法,这些方法一般简便易行、成本较低、不污染环境,不过有些费时、费工,有些还需要一定的设备,有些对天敌有一定的影响。

物理机械防治主要有捕杀法、诱杀法、汰选法、温度处理法、阻隔法。此外,还可用高频电流、超声波、激光、原子能辐射等高新技术防治病虫。

捕杀法是根据害虫的生活习性(如群集性、假死性等),利用人工或简单的器械捕杀害虫,如人工挖掘捕捉地老虎幼虫、振落捕杀金龟子等。

诱杀法是利用害虫的趋性或其他习性诱集并杀灭害虫。常用的方法有灯光诱杀、潜所诱杀、食饵诱杀、植物诱杀、黄板诱杀、性诱剂诱杀等。

汰选法是利用健全种子与被害种子在形态、大小、相对密度上的差异,通过手选、筛选、风选、盐水选等方法剔除带有病虫的种子。

温度处理法比较常用,如用开水浸烫豌豆、蚕豆种子,用温水浸泡番茄、黄瓜种子等。

阻隔法是根据害虫的生活习性,设置各种障碍物,防止病虫为害或阻止病虫活动、蔓延,如设置防虫网防止害虫侵害温室蔬菜、用果实套袋防止病虫侵害果实等。

四 生物防治

生物防治是利用自然界中各种有益生物或生物的代谢产物来防治有害生物的方法,如利用天敌防治害虫、利用微生物防治害虫、利用微生物及其代谢产物防治病害、利用昆虫激素和不育性防治害虫等。

比如,在玉米螟的生物防治中,我们可以通过在玉米螟初卵期人工释放赤眼蜂,或在玉米喇叭口期将白僵菌颗粒剂或苏云金杆菌颗粒剂丢施在玉米喇叭口内进行防治(图3-1)。

图3-1　玉米螟幼虫感染白僵菌

五 化学防治

化学防治是利用化学农药防治有害生物的方法,是防治病虫最有效、最直接的措施,防治效果显著。作为一种急救措施,化学防治对暴发性病虫害的防治尤为有效。

化学防治在综合防治中占有重要地位。但它也存在很多问题,其中比较突出的有农药使用不当导致有害生物产生抗药性;对天敌及其他有益生物的杀伤,破坏了生态平衡,引起主要害虫和次要害虫大发生;农药残留,污染环境,引起公害,威胁人类健康。为了充分发挥化学防治的优

势,我们一方面要注意化学防治与其他防治方法的协调,特别是与生物防治的协调;另一方面应致力于对化学防治本身的改进,如研发高效、低毒、低残留并具有选择性的农药(非杀生性杀虫剂、植物源农药等),改进农药的剂型和提高施药技术水平。

初级农作物植保员要求能利用健身栽培措施防治病虫,能利用灯光、黄板和性诱剂等方法诱杀害虫。

▶ 第四节　综合防治措施的实施

一 抗性品种的利用

目前,我国各地已选育出大量可供推广的抗病、高产优良作物品种,可因地制宜选用。在抗病虫品种的选用上,要合理布局,防止抗性品种的单一化种植,注意品种的轮换、更新,在此基础上,配合其他的综合防治措施,提高利用抗性品种的效果。

二 健身栽培措施的实施

我们来看一看在小麦生产中,如何通过健身栽培措施来进行病虫防治。

种植抗病、抗虫品种是一种经济而又简便有效的防治措施,值得大力推广。但抗病、抗虫品种的选择,要根据当地的气候条件、种植条件、主要病虫害的种类等具体情况来定,切不可盲目引种外地的抗虫、抗病品种。

轮作倒茬可以显著减轻小麦全蚀病、小麦根腐病等土传病的为害。

播种前清洁田园、清除杂草、深翻土壤、精细整地、清除地表菌源,可以优化农田环境,恶化病虫的生存条件。

适时播种是确保苗齐、苗匀、苗壮的前提,是增强幼苗抵抗力、减轻病虫为害的重要措施。在生产中,应当根据小麦的品种特性、当地的气候条件和土壤墒情等确定合理的播种时间,确保冬前能形成壮苗,增强植株抗性,减少病虫为害概率。华北平原一般适播期为9月下旬至10月上旬,黄淮平原为9月下旬至10月中旬,长江中下游地区为10月中旬至11月中旬,华南地区为11月上旬至11月下旬。

高、中产田应当实施精量、半精量播种技术,以便促进个体发育,培育出壮苗,创造合理的群体结构,从而有效提高小麦自身的抗逆能力,播种覆土厚度以3厘米左右为宜。

科学管理肥水,可以提高小麦抗病虫的能力,抑制和减轻多种病虫为害。在施肥管理上,应当氮、磷、钾肥搭配施用,增施腐熟有机肥,施足基肥,增施种肥,抓好苗肥,同时要以水调肥,合理灌溉。拔节时结合追施拔节肥,灌1次拔节水。在孕穗期灌1次水,能促进抽穗快而整齐。灌浆时灌1次水,可促进灌浆。灌水要掌握速灌速排,以免田间积水时间过长,影响麦苗生长。通过科学的肥水管理,使小麦营养均衡,植株生长健壮,增强对病虫害的抵抗力。

三 灯光诱杀方法

灯光诱杀是利用害虫的趋光性来进行诱杀。诱杀的害虫主要有鳞翅目、鞘翅目、直翅目等,包括夜蛾、玉米螟、金龟子、蝼蛄、蟋蟀等。生产中常用的、诱集效果比较好的是频振式杀虫灯,但使用时要掌握方法和技巧,才能达到最好的效果。

频振式杀虫灯在害虫高发期前开始安装使用。将杀虫灯垂直吊挂

在牢固的物体上,然后放在田中(图3-2)。挂灯高度以接虫口与地面距离1.3~1.5米为宜。为了防止刮风时灯架来回摆动,灯罩要用铁丝固定住,然后接线。灯在田中呈棋盘状布局。根据实际情况,以单灯辐射半径100米为宜,单灯控制面积为50亩。接通电源后,按下开关,指示灯亮就进入工作状态。每天的开灯时间为当日20时至次日凌晨6时。每天上午收集诱杀的害虫。

图3-2　杀虫灯诱杀害虫

注意,用频振式杀虫灯诱杀害虫,要根据不同的害虫种类,调整光的波长,才能有针对性地防治害虫,并且达到较好的防治效果。另外,要注意及时清理接虫袋,清理时一定要关闭开关。当高压网不击虫时,要及时关灯,否则杀虫灯将变成引虫灯,增加为害。雷雨天气时最好不要开灯,防止发生雷击事故。

（四）黄板诱杀方法

黄板诱杀(图3-3)是利用蚜虫、白粉虱等害虫成虫趋黄色光的习性,在田间设置黄色粘虫板,进行诱杀。

利用黄板诱杀害虫,要突出一个"早"字,应当从作物苗期和定植期开始,在害虫发生初期使用才可以有效控制害虫的发展,如防治蚜虫,应当在苗期定植以后悬挂黄板。

操作时,地块两端分别留出1米左右的距离,南北边缘向内分别缩进1米,用线绳将黄板均匀吊挂在防治地块,一般来说,高度与作物顶端保持水平就可以。但是,如果防治蚜虫,黄板的最佳悬挂高度应当高于作物面5~10厘米。一般情况下,在棚室内使用,每亩放置规格为20厘米×30厘米的黄板30~40张。露地使用,应当适当加大密度。在防治过程中,要根据作物的长势,适当调整黄板的高度。在害虫发生高峰期,如果黄板上粘的害虫密度过高,应当及时更换黄板。

图3-3 黄板诱杀害虫

（五）性诱剂诱杀方法

性诱剂诱杀(图3-4)是在诱捕器中放置对害虫有较大吸引力的人工合成性信息素诱芯来诱杀害虫。目前,在生产中推广应用的害虫性信息素产品已经有上百种,针对的害虫有稻纵卷叶螟、小菜蛾、大豆食心虫、豆荚螟、玉米螟、桃小食心虫、甜菜夜蛾、斜纹夜蛾、棉铃虫、瓜实蝇等。

生产中常用的诱捕器有干式通用诱捕器、粘胶板诱捕器、水盆型诱

图3-4　性诱剂诱杀斜纹夜蛾

捕器等。在稻纵卷叶螟防治上,多使用粘胶板诱捕器。

粘胶板诱捕器由粘胶板和上盖两部分组成。安装时,我们首先将底座按折痕折叠好,再将底座有粘胶的一面朝上,与上盖扣在一起固定住,一个诱捕器就安装好了。然后,按照同样的方法将所有诱捕器都安装完毕。接下来,按要求将诱捕器放置田间。

下面介绍怎么用性诱剂诱杀稻纵卷叶螟。

用性诱剂来诱杀稻纵卷叶螟应当在成虫大量发生之前、成虫低密度时进行。以当地一般年份首次发现羽化成虫的日期,提前2周左右放置诱捕器为最佳诱捕时间。

用细铁丝将安装好的诱捕器悬挂固定到事先插在田间的两根竹竿上面,使诱捕器的底面与稻株的距离保持在20厘米(图3-5)。注意:灭虫期间,诱捕器应当始终保持这样的高度,以后要随着稻株的增高做适当的调整。

取出诱芯,将它镶嵌在诱芯柄的槽内,完全固定好,然后把诱芯柄插到诱捕器上盖中间位置的孔里面就可以了。

图3-5　性诱剂诱杀稻纵卷叶螟

　　按照同样的方法,以"外围密、中间少"的原则,在每亩稻田里棋盘式放置3~5套诱捕器,之后每4~6周更换1次诱芯,以确保诱杀效果。

（六）食饵诱杀方法

　　食饵诱杀是利用害虫的趋化性,以饵料诱集害虫并将害虫杀死的方法。

　　糖醋酒液可以诱杀地老虎、斜纹夜蛾、黏虫、梨小食心虫等害虫(图3-6),其配方是按重量比例,醋∶糖∶水∶酒=4∶3∶2∶1,再加适量敌百虫,搅

图3-6　糖醋酒液诱杀害虫

拌均匀就可以了。使用时,将糖醋酒液倒在瓶中,保持3~5厘米深,每亩地放1瓶,瓶要高出作物面80厘米,连续诱杀15天。

诱杀地老虎,可以在地老虎幼虫发生期,采集新鲜嫩草,将50克90%敌百虫粉均匀地洒在嫩草上,在傍晚时分将洒过药的嫩草放在被害植株旁或撒于作物行间进行诱杀。

诱杀蝼蛄,可以将麦麸、棉籽、豆饼粉碎做成饵料炒香,每5千克饵料加入90%晶体敌百虫30倍液150克,加适量水拌匀,撒施在作物行间,每亩施用毒饵1.5~2.5千克。

第四章

初级农作物植保员必备技术
——农药与药械使用

本章主要内容包括农药基础知识,配制药液、毒土,农药施用,药械清洗,农药与药械的保管。

在农药与药械使用部分,初级农作物植保员要求能根据农药施用技术方案,正确备好农药和药械;能按药、水和药土配比要求配制药液及毒土,能正确施用农药;能正确使用手动喷雾器;能正确处理清洗药械的污水和用过的农药包装;能按规定正确保管农药和药械。

▶ 第一节　农药基础知识

一　农药的概念与分类

农药是指用于预防、消灭或者控制危害农业、林业的病、虫、草、鼠和其他有害生物,以及有目的地调节植物、昆虫生长的化学合成或者来源于生物、其他天然物质的一种物质或者几种物质的混合物及其制剂,通常有化学名称、通用名称、商业名称。

农药按用途分类,可分为杀虫剂、杀螨剂、杀菌剂、除草剂、植物生长调节剂、杀鼠剂、杀线虫剂等;按原料来源分类,可分为无机农药、植物性农药、微生物农药和有机化学合成农药;按作用方式分类,可分为杀虫杀螨剂、杀菌剂、除草剂。其中,杀虫杀螨剂又分为胃毒剂、触杀剂、内吸

剂、熏蒸剂、拒食剂、引诱剂、不育剂、昆虫生长调节剂等;杀菌剂又分为保护剂、治疗剂;除草剂又分为选择性除草剂和灭生性除草剂。

目前,我国生产和应用的农药制剂剂型主要有可湿性粉剂、可溶性粉剂、乳油、水剂、水乳剂、微乳剂、颗粒剂、悬浮剂等,此外,还有微胶囊剂、烟剂、片剂、气雾剂等。

依据我国现行的农药产品毒性分级标准,农药毒性分为剧毒、高毒、中等毒、低毒、微毒5级。

二 农药的选择与购买

我们在选择农药时,首先要根据农药的特性和用途来选择;其次,要依据《农药安全使用规范总则》《农药合理使用准则》和《农药登记公告》等国家有关法规和要求来选择。

选择和购买农药要遵循安全、有效、经济的原则,这就要求做到:一要对症买药,二要选择高效、低毒、低残留的农药,三要选择价格合理的农药。

在购买农药时,要根据农药施用技术方案的要求,到国家指定的农药经营部门,如农资公司、植保部门、农业技术推广部门、农药生产厂的直销部门等正规商店购买。另外,在购买时,必须对农药的外观质量进行初步的辨别。

那么,我们应当从哪些方面来对农药的外观质量进行辨别呢?

三 常用农药外观质量辨别

农药外观质量辨别的第一步是查看标签。

农药标准是由国家或地方农药技术监督管理部门批准颁布的农药标准化生产规定,也是农药质量监督检验机构对农药产品进行质量抽检的依据。所有农药生产企业生产的农药,都必须执行相应的国家或者企业标准,并在农药标签上注明农药生产标准号。标准证号码以汉语拼音字母"GB"或"Q"开头。

农药标签是农药使用的说明书,是购买和使用农药时最重要的参考。通过对标签的阅读,可以了解农药的合法性和农药的使用方法、注意事项等。

一个合格的农药标签应当含有这九项内容:一是农药名称,包括通用名、商标、有效成分含量和剂型;二是农药的"三证",即农药登记证号、农药生产许可证号或生产批准证号、农药标准证号,国外进口的零售包装农药没有生产许可证号;三是使用说明,包括产品特点、适用作物、防治对象、施药时期、使用剂量、施药方法等;四是净含量;五是产品质量保证期;六是毒性标志和注意事项;七是储存和运输方法;八是生产企业的名称、地址、电话等;九是农药类别。

农药类别在农药标签上是用它的特征颜色标志带来表示的,位于标签底部,与底边平行,不同的颜色表示不同类别的农药。除草剂为绿色,杀虫杀螨剂为红色,杀菌剂为黑色,植物生长调节剂为深黄色,杀鼠剂为蓝色。

农药外观质量辨别的第二步是检查农药的包装,主要是看包装是否有渗漏、破损,看标签是否完整,格式是否齐全规范,成分是否标注清楚等。

第三步是从外观上来判断农药的质量。比如,粉剂或可湿性粉剂不应该有结块、结团现象;乳油不应该有分层、浑浊或有结晶析出;液剂农药不应该浑浊、有沉淀或絮状物等。

在购买农药的时候,要记住向销售商索要发票,作为维护自己合法权益的有效凭证,使用后发现是伪劣农药,应当保留包装,出现药害等情况,也应当保留现场,及时向农业行政主管部门或相关执法部门反映。

第二节　配制药液、毒土

初级农作物植保员要求了解常用农药的使用常识、配制药液和药土的注意事项,并且能按药、水或药、土配比配制药液和毒土。

农药的施用方法比较多,不同的施药方法直接影响防治效果、防治成本和环境安全。在生产中,应当根据农药的性能、剂型、防治对象、防治成本等综合因素选择适宜的施药方法。常用的施药方法有喷雾、喷粉、撒施、浇洒、种子处理、土壤处理、熏蒸、涂抹等。

配制农药是操作人员与农药接触的第一步,要严格按照操作规程来操作。

配制农药的地点要远离水源和居民住宅区。配药人员要穿必要的防护服,戴上胶皮手套和口罩,避免皮肤与农药接触或吸入粉尘、烟雾等。

除粉剂、颗粒剂、片剂和烟剂外,一般农药产品的浓度都比较高,在使用前必须经过配制。配制农药一般分三个步骤进行:第一步,准确计算农药制剂和稀释剂的用量;第二步,准确量取农药制剂和稀释用水,称取用土;第三步,正确配制药液、毒土。

计算出农药制剂的用量和兑水量后,要严格按照计算量称取或量取药剂和稀释用水。固体农药要用秤称量,液体农药要用有刻度的量具量取。在操作过程中,要避免药液流到桶或杯的外壁,并且使桶或杯处于垂直状态,以免造成量取偏差;量取配药用水,如果用水桶作计量器具,应当在内壁画出水位线,标定准确的体积后,才可以作为计量工具。

配制药液、药土要掌握正确的操作方法。低浓度粉剂,一般不用配制,可直接喷粉。但用作毒土撒施时则需要用土混拌,选择干燥的细土与药剂混合均匀就可以使用了(图4-1)。

图4-1　配制毒土

在配制可湿性粉剂(图4-2)时,应先在药粉中加入少量的水,用木棒调成糊状,然后再加入一些水调匀,至上面没有浮粉为止,最后加完剩余的稀释水量。千万不能图省事,直接在药粉里倒入大量的水。

图4-2　配制可湿性粉剂

在配制液体农药制剂时,要选用清洁的江、河、湖、溪和沟塘的水,尽量不用井水;更不能使用污水、海水或咸水,以免破坏乳油类农药的成

分,影响药效或引起药害。要严格按照配制浓度加水,搅拌均匀。在配制乳油农药时(图4-3),应当轻轻摇振药瓶,等静置后药剂能呈均匀体,再进行配制。如摇振后还不能呈均匀体,要将装乳油的药瓶放在温热的水中,浸泡10多分钟,使分层、沉淀完全化开,然后用少量乳油农药,加入清水试验。只有上无浮油、下无沉淀,并且药剂呈白色乳状液,才可以兑水使用,无法化开的农药则不能使用。

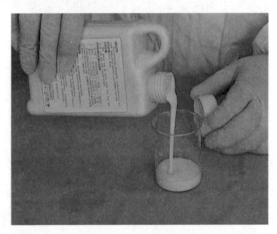

图4-3　配制乳油农药

在配制药液和毒土的过程中,必须注意以下事项:打开农药瓶塞或农药包装袋时,脸一定要避开瓶口或袋口;药剂倒入药箱后,要轻轻搅匀,防止因动作过猛导致药液溅出而污染皮肤;不能用瓶盖倒药或用饮用桶配药;不能用盛药水的桶直接下河沟取水;不能将手直接伸入药液或粉剂中搅拌;配制人员必须经专业培训,掌握必要技术和熟悉所用农药性能;孕妇、哺乳期妇女不能参与配药;配药器械一般要求专用,每次用后要洗净,不得在河流、小溪、井边冲洗;少数剩余的和不要的农药应当深埋处理;处理粉剂时,要防止粉尘飞扬;喷雾器不要装得太满,以免药液泄漏;当天配好的药液当天用完。

第三节　农药施用

采用正确的施药方法,不仅能保证施药质量,提高防治效果,还能显著减少农药施用对环境的压力,减轻操作人员被农药污染的程度。

施用农药要掌握的原则有对症下药、适时喷药、适量配药、适法施药、防止药害,注意农药与天敌的关系,做到既防治病虫害又能保护天敌。

手动喷雾器主要有背负式喷雾器、压缩喷雾器、单管喷雾器、吹雾器和踏板式喷雾器等类型。下面以背负式喷雾器为例向大家做介绍。

背负式喷雾器由喷头、喷管、泵筒、导液管、药箱、药箱盖、手柄开关、摇杆、背带等组成,具有使用操作方便、适应性广等特点,既可做常量喷雾,也可做低容量喷雾。

施药前,首先要测试气象条件。进行常量喷雾时,有露水时不能喷药。喷雾或喷粉时,最好选择无风天进行。施药时,操作人员应当站在上风处,实行顺风隔行施药,绝对不能逆风喷洒农药。操作人员的行走方向应当与风向平行,并且要随时根据风向的变化,及时调整行走和喷药方向。

另外,降雨和气温超过32℃时,也不能喷洒农药。因为在高温条件下,人的全身毛细血管扩张,汗腺分泌旺盛,皮肤的呼吸作用增强,药液很容易渗透进皮肤,侵袭人体,引起农药中毒。

确定气象条件适宜以后,进行喷雾器的调整措施:在喷雾器皮碗和摇杆转轴处涂上适量的润滑油。根据操作人员的身材,调节好背带的长度,并以每分钟10~25次的频率摇动摇杆,检查各个密封处有没有渗漏现

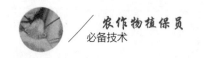
象、喷头处雾型是否正常。根据不同的作业要求,选择合适的喷射部件。

喷除草剂、植物生长调节剂用扇形雾喷头,喷杀虫剂、杀菌剂用空心圆锥雾喷头。一般单喷头适用于作物生长前期或中期、后期进行各种定向针对性喷雾、飘移性喷雾。双喷头适用于作物中期、后期株顶定向喷雾。小横杆式三喷头、四喷头,适用于蔬菜、花卉及水、旱田进行株顶定向喷雾。

调整好喷雾器,接下来将需要调配的农药加注到药箱中。注意要在开关关闭的情况下加注,以免药液漏出。同时,加注药液要用滤网过滤。药液不要超过桶壁上的水位线。加注药液后,盖紧桶盖。作业时,应先压动几次摇杆,使气室内的气压达到工作压力后再打开开关,边走边打气边喷雾。如果压动摇杆感到沉重,就不能过分用力,以免引起气室爆炸。对于工农–16型喷雾器,一般走2~3步摇杆上下压动2次,每分钟压动摇杆10~25次。

用手动喷雾器作业时,要针对不同的作物、病虫草害和农药选用正确的施药方法。

在喷洒除草剂时,应当用扇形雾喷头,也可用安装了二喷头、三喷头的小喷杆喷雾。一定要配置喷头防护罩,防止雾滴飘移对邻近作物造成伤害。操作时,喷头离地高度、行走速度和路线要保持一致,力求药剂沉积分布均匀,不得重喷和漏喷。

使用手动喷雾器喷洒触杀性杀虫剂防治栖息在作物叶背的害虫(如棉花苗蚜等),应该把喷头朝上,采用叶背定向喷雾法喷雾。喷洒保护性杀菌剂,应该在植物还没有被病原菌侵染前或侵染初期施药,要求雾滴在植物靶标上沉积分布均匀,并且有一定的雾滴覆盖密度。

如果几个喷雾器同时喷洒作业,应当采用梯形前进,下风向的人先喷,以免使人体接触药液而受到伤害。

▶ 第四节 药械清洗

一 农药残液与包装的处理方法

喷雾器中没有喷完的残液要用专用药瓶存放。配药用的空药瓶、空药袋应当集中收集,采取挖坑深埋等办法妥善处理,不得随意丢弃。挖坑地点应选在离生活区远、地下水位低、降雨量少或能避雨、远离各种水源的荒僻地带。

二 施药器械的清洗方法

每次施药后,施药器械应当在田间全面清洗。如下次使用,更换药剂或作物,应当注意两种药剂不会产生化学反应而影响药效或对另一种作物产生药害。可用浓碱水反复清洗,也可以在用大量清水冲洗后,用0.2%碳酸氢钠水溶液或0.1%活性炭悬浮液浸泡,再用清水冲洗。

清洗药械的污水,应当在田间选择安全的地点妥善处理,不得带回生活区,不准随地泼洒,防止污染环境。带有自动加水装置的喷雾机,其加水管路应置于水源处,不得随机运行,且不准在生活用水源中吸水。每年防治季节过后,应将药械的重点部件先用热洗涤剂或弱碱水清洗,再用清水冲洗干净,晾干后存放。

第五节　农药与药械的保管

农药是一种特殊商品,在贮运和保管的过程中,如果不掌握农药特性、使用方法不当,就有可能造成人、畜中毒,腐蚀、渗漏、火灾,农药失效、降解及错用和作物药害等后果。因此,农药的运输、贮存保管,应当严格按照我国《农药贮运、销售和使用的防毒规程》国家标准执行。

农药仓库结构要牢固,门窗要严密,库房内要阴凉、干燥、通风,并且有防火、防盗措施,库内垛底要有防潮、隔湿措施,垛底层要用木板、谷糠、芦席等把农药与地面隔离。堆与堆之间要有空隙,码垛高度不宜超过2米。乳油类和油烟剂、烟剂等农药或剧毒农药,应当设专仓存放,严格管理火种和电源,并且要远离居民区、水源、学校等地。

农药必须单独贮存,不得和粮食、种子、饲料、豆类、蔬菜及日用品等混放,也不能与烧碱、石灰、化肥等物品混放。禁止把汽油、煤油、柴油等易燃物放在农药仓库内。堆放农药时,要分品种堆放,严防破损、渗漏。

各种农药进出库都要记账入册,并且根据农药"先进先出"的原则,防止农药因存放时间过长而失效。对挥发性大和性能不太稳定的农药,不能长期贮存,要"推陈贮新"。

农民等用户自家贮存时,要注意将农药单放在一间屋里,防止儿童接近。最好将农药锁在一个单独的柜子或箱子里,不要放在容易被人误食或误饮的地方,一定要将农药保存在原包装中,存放在干燥的地方,并且注意远离火种和避免阳光直射。

要根据不同剂型农药的特点,采取相应措施,妥善保管。液体农药贮存的重点是隔热防晒,避免高温。堆放时应当将箱口朝上,保持干燥通风。固体农药包括粉剂、颗粒剂、片剂等,贮存保管的重点是防潮、隔湿,特别是梅雨季节要经常检查。受潮的农药,应移到阴凉通风处,摊开晾干,重新包装,不可日晒。固体农药一般不能与碱性物质接触。微生物农药,如苏云金杆菌、井冈霉素、赤霉素等,宜在低温干燥的环境中保存,保存时间不超过2年。

每天使用喷雾器后,应当倒出桶内的残余药液,加入少量清水继续喷洒干净,并且用清水清洗各个部分,然后打开开关,放到室内通风干燥处存放。

喷洒除草剂后,必须将喷雾器彻底清洗干净,以免喷洒其他农药时对作物产生药害。另外,喷雾器的各个活动部件和非塑料接头处,都应该涂上黄油,防止生锈。

第五章　中级农作物植保员必备技术
——预测预报（病虫害识别）

本章为中级农作物植保员必备技术预测预报板块的病虫害识别部分，主要介绍几种农作物的常见病虫害识别技术。

中级农作物植保员要求能识别当地主要病虫害25种以上。

▶ 第一节　主要病害的识别

① 水稻细菌性条斑病的识别

水稻细菌性条斑病主要分布于亚洲的热带、亚热带稻区，在我国是一种检疫性植物病害。水稻发病后，叶片枯黄，空秕率上升，千粒重下降，一般可以减产15%~25%，严重时可达60%。

水稻细菌性条斑病（图5-1）主要发生在叶片上。发病初期，叶片上出现暗绿色水渍状半透明的小斑点，随后沿叶脉纵向扩展，形成暗绿色至黄褐色纤细的条斑，宽0.5~1毫米，长3~5毫米，病斑表面黏附着很多露珠状蜜黄色的液体，也就是菌脓。菌脓干燥后不容易脱落。

发病严重时，叶片上病斑增多，多个病斑可以融合成一个大斑，呈现不规则的黄褐色至枯白色斑块。对光检视时，仍可看出大斑是由许多半透明的小条斑融合而成的。发病严重时，稻株矮缩，叶片卷曲。

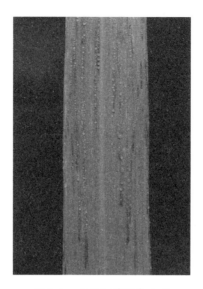

图 5-1　水稻细菌性条斑病

二　小麦纹枯病的识别

小麦纹枯病又叫小麦立枯病、小麦尖眼点病等，它是由立枯丝核菌引起的。染病的麦田发病株率一般在 10%~30%，因病造成的产量损失在10% 左右。重病田发病株率可以达 80%，可以减产 30%~40%。

小麦纹枯病（图 5-2）主要发生在小麦的叶鞘及茎秆上。一般在小麦出苗后，根茎和叶鞘即可染病。发病初期在地表或近地表的叶鞘上先产生淡黄色小斑点，随后发展成黄褐色梭形或眼点状病斑。病部逐渐扩大，颜色变深，并向内侧发展，蔓延到茎秆上，引起病株基部的茎节腐烂，导致幼苗折倒、死亡。小麦生长中期至后期发病，经常能在叶鞘上看到明显的梭形病斑。病斑中间呈淡黄褐色，周围有比较明显的棕褐色晕圈，就像中间变薄、变透明了一样。当麦株间空气湿度变大时，病斑也可以向内扩展，病斑深及茎秆内部，引起烂茎。茎秆坏死以后，水分和养分无法向穗部输送，最终形成枯孕穗或枯白穗。

图5-2　小麦纹枯病

三 油菜菌核病的识别

油菜菌核病(图5-3)又叫白秆、烂秆等,是我国油菜生产中的重要病害,在油菜苗期至成株期均可发生,以开花结荚期发病最重。它主要为害植株地上各部分,以茎秆受害最重。

茎秆发病,病斑初为淡褐色、水渍状、近圆形,后扩展为梭形至长条状绕茎大斑,略凹陷,中部呈白色,有同心轮纹,边缘呈褐色,病、健交界明显。潮湿时,病部逐渐软腐,表面长出大量的白色絮状菌丝。后期表皮常破裂如乱麻,髓部变空易折断,里面充满黑色鼠粪状菌核,常从病茎

a.基部症状

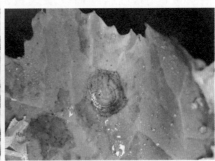

b.叶片症状

图5-3　油菜菌核病

部以上早衰枯死。

叶片发病,病斑初为暗青色水渍状斑块,后扩展成圆形或不规则形大斑,中央为灰褐色或黄褐色,中层为暗青色,外围有黄色晕圈。干燥时病斑破裂穿孔,潮湿时全叶腐烂并长出白色菌丝。

（四）黄瓜霜霉病的识别

黄瓜霜霉病(图5-4)是黄瓜生产中的重要病害,无论是保护地栽培还是露地栽培,发病都很普遍。黄瓜感病后,病势发展很快,使叶片枯黄,结瓜少而小,对产量影响很大。

黄瓜霜霉病主要为害叶片,发病初期在叶片正面产生淡黄色小斑块,扩大后因受叶脉限制而呈多角形,潮湿时在叶背病斑上长有紫黑色霉层。发病严重时,病斑连接成片,全叶呈黄褐色并干枯卷缩,田间一片枯黄,导致植株早衰死亡。

图5-4　黄瓜霜霉病

（五）番茄灰霉病的识别

番茄灰霉病(图5-5)是一种真菌性病害,常在保护地栽培中严重发

生,特别是冬春保护地内低温、高湿和内外气候条件变化较大时,番茄往往受害严重,可减产20%~40%。

番茄生育期内均可发生灰霉病,但以花期和结果期受害最重。成株期发病,叶尖出现水浸状浅褐色病斑,并逐渐向内扩展成"V"形,潮湿时病部长出灰色霉状物。

茎部发病,初期产生水浸小点,后扩展成长条形病斑,高湿时长出灰色霉层,上部植株枯死。

青果期发病,先侵染残留的柱头或花瓣,后向果面和果梗发展,果皮变成灰白色、水浸状、软腐,并长出灰绿色绒毛状霉层。

a.茎部病状　　　　　　　　　　　b.果实病状

图5-5　番茄灰霉病

病原主要在土壤中或病残体上越冬,发病后借气流、灌溉水或露珠及农事操作进行传播。早春棚室的生态条件温暖湿润,很容易发病。灌水后不及时通风排湿易发病。植株徒长、棚室透光差、光照不足易发病。密植、病果及病叶不及时清理,可加重病害。

六 梨炭疽病的识别

梨炭疽病(图5-6)是一种由真菌引起的传染病。在我国山东及黄河故道地区,每年6月初可以见到病果,发病高峰期一般在7—8月份。管理粗放、土壤贫瘠、长势衰弱的果园,一般发病比较早。

果实发病初期,在果面上出现淡褐色的圆形小病斑,病斑迅速扩大,呈褐色或深褐色。随着病斑的扩大,果面稍下陷,病斑中心生出突起的小粒点,开始是褐色,后来变成黑色,呈同心轮纹状排列。黑色粒点很快突破表皮,当湿度变大时,溢出粉红色分生孢子团黏液,成为再次侵染来源。果肉软腐、味苦,烂部呈圆锥状,一般不烂透果心。病果多数很快从树上脱落,少数依然挂在枝头。

叶片受害后,出现不规则的褐色或深褐色圆形病斑,病部干枯开裂。果台受侵染后,从顶部开始发病。病部呈暗褐色,并逐渐向下蔓延。病害严重时,叶片早落,果台不能抽出副梢,最后干枯死亡。

a.果实病状   b.叶片病状

图5-6 梨炭疽病

第二节　主要虫害的识别

一　菜粉蝶的识别

菜粉蝶(图5-7)属于鳞翅目、粉蝶科。菜粉蝶的幼虫也叫菜青虫,主要为害十字花科蔬菜,如甘蓝、花椰菜和大白菜等。幼虫食叶成孔洞、缺刻,甚至将全叶吃光,仅留叶脉,同时排出粪便污染菜叶。此外,幼虫为害造成的伤口,有利于软腐病菌的侵入,可诱发细菌性软腐病。

菜粉蝶成虫体长12~20毫米,翅展45~55毫米。翅膀呈粉白色,雌虫前翅基部呈灰黑色,翅顶角有1个三角形黑斑,下方有2个黑色圆斑,后翅前缘也有1个黑斑。菜粉蝶雄虫前翅顶角黑斑较小,黑圆斑也较淡。

菜粉蝶的卵为瓶形,长约1毫米,初为淡黄色,后变为橙黄色,上有纵、横隆起线,形成长方形小格。

菜粉蝶的老熟幼虫体长28~35毫米,呈青绿色,各体节在气门线上有2个黄斑,气门线为黄色,背线为淡黄色,体上密生细毛。

蛹体长18~21毫米,呈纺锤形,背上有3个棱角状突起。蛹的颜色因

a.成虫

b.老熟幼虫

图5-7　菜粉蝶

化蛹环境而异,有青绿色和灰褐色等。

二 甜菜夜蛾的识别

甜菜夜蛾(图5-8)属鳞翅目、夜蛾科,为多食性害虫,可为害多种农作物和蔬菜。

甜菜夜蛾低龄幼虫取食叶肉,仅留上表皮。4龄后食叶形成孔洞或缺刻,发生量比较多时,叶片常被吃光,只留下叶脉。

甜菜夜蛾成虫体长8~14毫米,翅展19~30毫米,体呈灰褐色,前翅外缘线由1列黑色三角形小斑组成,外横线与内横线均为黑白两色双线,肾状纹与环状纹均为黄褐色,有黑边。后翅白色,略带粉红色闪光。

甜菜夜蛾的卵为圆球形,呈白色,表面有放射状隆起线。卵粒重叠,卵块上覆盖着雌虫褪下的黄白色绒毛。

老熟幼虫体长约22毫米,体色变化很大,有绿色、暗绿色、黄褐色、褐色至黑褐色。腹部气门下线为明显的黄白色纵带,有时带粉红色,这条带直达腹部末端,不弯到臀足上。每个腹节的气门后上方各具有1个明显的白点。

蛹体长约10毫米,呈黄褐色,中胸气门显著外突,臀棘上有2根刚毛。

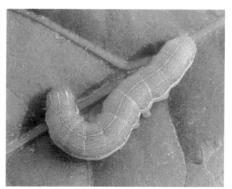

环状纹
肾状纹

a.成虫   b.幼虫

图5-8　甜菜夜蛾

三 黏虫的识别

黏虫(图5-9)又称夜盗虫、剃枝虫、五色虫,属鳞翅目、夜蛾科,是多食性害虫,主要为害麦类、谷子、稻、玉米、高粱等禾本科作物及杂草,发生猖獗年份也会为害豆类、棉花、蔬菜等。

黏虫以幼虫取食叶片为害,初孵幼虫有群集性,常聚集在背光处为害。3龄后食量大增,5~6龄进入暴食阶段,可以把叶片吃光。

成虫体长约20毫米,翅展35~45毫米,体呈黄褐色至灰褐色。前翅中央近前缘有2个淡黄色圆斑,外侧圆斑较大,下方有1个小白点,白点两侧各有1个小黑点。前翅顶角至后缘有1条黑褐色斜纹。

老熟幼虫体长约38毫米,体色变化大,头部沿蜕裂线有黑色"八"字形纹,头两侧有褐色网状纹。腹部背面有5条纵线,背线呈白色、较细,两侧各有2条黄褐色至黑色纵线。

黏虫蛹呈红褐色,有光泽,体长约20毫米,腹部第5~7节背面近前缘处有横列的马蹄形刻点,尾端具1对粗大的刺,刺的两旁各有2对短而弯曲的细刺。

a.成虫   b.幼虫

图5-9 黏虫

四 甘蓝夜蛾的识别

甘蓝夜蛾又称甘蓝夜盗虫,属鳞翅目、夜蛾科,是杂食性害虫,寄主有45科、120多种,包括多种大田作物、蔬菜和果树等。

甘蓝夜蛾初孵幼虫(图5-10)群集在叶背取食叶肉,残留表皮,呈纱网状;2~3龄幼虫可将叶片吃出缺刻和孔洞;4龄以后,可将叶片食害的只留下叶脉和叶柄,较大的幼虫还可钻入甘蓝、白菜的叶球内为害,并且排泄出大量粪便,引起菜球内腐烂,严重影响蔬菜的品质和产量。

甘蓝夜蛾成虫为灰褐色,体长15~25毫米,翅展30~50毫米,前翅从前缘向后缘有许多不规则的黑色曲纹。前翅有明显的肾状纹和环状纹,肾状纹外缘为白色。

甘蓝夜蛾的卵为半球形,上有纵脊和横纹,初产时为黄白色,孵化前为紫黑色。老熟幼虫体长40毫米,体色变化大。头呈黄褐色,体背为暗褐色至灰黑色。背线及亚背线呈灰黄色,各节背面中央两侧有黑色条纹,似倒"八"字形。气门下线为1条白色宽带,直通臀足。

图5-10 甘蓝夜蛾初孵幼虫

甘蓝夜蛾蛹体长约20毫米,为赤褐色到浓褐色,腹部第六节、第七节前缘和第四节、第五节后缘色泽较深,因此显出深褐色横带。

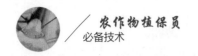

五 温室白粉虱的识别

温室白粉虱简称白粉虱,俗名小白蛾,属同翅目、粉虱科,是世界性害虫。随着温室、塑料大棚栽培的迅速发展,温室白粉虱的分布范围趋于扩大,为害情况逐渐加重。绝大多数蔬菜及花卉、果树、药材等均可受害,尤其以瓜类、茄果类、豆类蔬菜受害比较严重。除为害温室、大棚等保护地蔬菜外,温室白粉虱也严重为害露地栽培果菜类蔬菜。

温室白粉虱成虫(图5-11)和若虫群集叶片背面吸食植物汁液,使叶片褪绿变黄、萎蔫。此外,它还可传播多种病毒病。

温室白粉虱成虫体长1~1.5毫米,呈淡黄色,前后翅呈白色,虫体和翅表面覆盖白色蜡粉。停息时,其双翅在体上合成屋脊状,翅端呈半圆状并遮住整个腹部。

图5-11　温室白粉虱成虫

温室白粉虱卵为长椭圆形,初产时呈淡黄白色,后渐变为紫黑色。若虫共3龄,老熟幼虫呈椭圆形、扁平,足和触角退化,体背有长短不齐的蜡丝。

六 **美洲斑潜蝇的识别**

美洲斑潜蝇(图5-12)属双翅目、潜蝇科,是农作物上的重要害虫。

美洲斑潜蝇主要以幼虫潜食叶肉,造成潜道或斑块。雌成虫则在叶片上刺孔产卵和吸食汁液,形成不规则的白点。植株受害后,轻者发育延迟,大量叶片和花蕾脱落,受害严重的甚至绝收。

美洲斑潜蝇成虫体长1.3~2.3毫米,呈灰黑色,头部呈黄色,腹部背板呈黑色,小盾片呈黄色,体腹面呈黄色。

美洲斑潜蝇的卵为椭圆形,呈米黄色,略透明,长0.2~0.3毫米。幼虫为蛆状,共3龄,老熟幼虫长约3毫米,体为鲜黄色。蛹为椭圆形,长1.7~2.3毫米,呈橙黄色。

a.成虫　　　　　　　　　　　　　　b.幼虫

图5-12　美洲斑潜蝇

七 **小菜蛾的识别**

小菜蛾(图5-13)又称菜蛾、方块蛾,幼虫俗名吊丝虫,属鳞翅目、菜蛾科,是世界性蔬菜害虫,我国各蔬菜区都有,长江流域及其以南各省、自治区普遍发生,为害严重。

小菜蛾主要为害十字花科蔬菜,其中以甘蓝、花椰菜、白菜等受害最重。初龄幼虫潜食叶肉,2龄幼虫在叶背取食叶肉,留下表皮,在菜叶上形成透明斑。较大的幼虫将叶片咬成孔洞,严重时全叶被吃成网状。

小菜蛾成虫为灰褐色,体长6~7毫米。前后翅狭长而尖,缘毛很长,前翅中央有黄白色波状纹。静止时,两翅折叠成屋脊状,黄白色波纹合成3个连串的斜方块斑。

小菜蛾的卵为椭圆形,长约0.8毫米。老熟幼虫体长约10毫米,呈纺锤形。头为黄褐色,胸腹部为绿色。前胸背板上有淡褐色小点,很有规则地排列成"U"形纹。臀足向后伸长超过腹部末端。

小菜蛾的蛹长5~8毫米,呈纺锤形,初为淡绿色,后变为灰褐色,体外有网状薄茧,外观可透见蛹体。

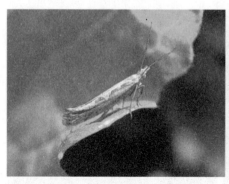
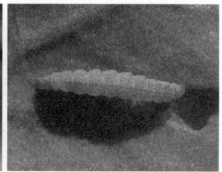

a.成虫　　　　　　　　　　　b.幼虫

图5-13　小菜蛾

（八）梨小食心虫的识别

梨小食心虫属鳞翅目、卷蛾科,分布于我国所有果区,是果树食心虫类中最常见的一种,主要为害梨、苹果、桃的果实和桃树新梢。

梨小食心虫成虫体长5~7毫米,呈灰褐色。前翅前缘有10条白色短斜纹,翅面混生白色鳞片。静止时两翅合拢,外缘构成钝角。

老熟幼虫(图5-14)体长10~13毫米,头部呈黄褐色,虫体呈淡黄色至淡红色。腹末具臀栉,上有4~7根刺。

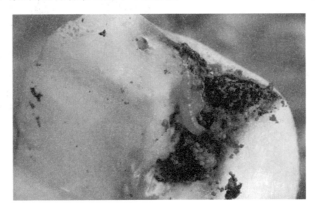

图5-14 梨小食心虫老熟幼虫

九 地老虎的识别

地老虎属鳞翅目、夜蛾科。国内约有20种地老虎,其中小地老虎、大地老虎和黄地老虎在全国范围内均有分布,又以小地老虎为害最重。小地老虎是多食性害虫,以幼虫为害多种作物幼苗,严重时造成缺苗断垄,甚至毁种。

小地老虎(图5-15)成虫是灰褐色的,体长17~23毫米,翅展40~54毫米。前翅棕褐色,有2对横线,并有黑色圆形纹、肾形纹各1个,在肾形纹外有三角形的斑点。

小地老虎的卵为黄白色,呈半球形,直径约0.5毫米。在25℃的条件下,卵经过1周左右的时间就可孵化成幼虫。老熟的幼虫体长4~5厘米,呈黄褐色至黑褐色,体表粗糙,布满了皱纹和黑色的小颗粒。

a.成虫   b.幼虫

图5-15 小地老虎

十 蝼蛄的识别

蝼蛄(图5-16)又称拉拉蛄、地拉蛄、土狗子等,属直翅目、蝼蛄科,是重要的地下害虫。在我国南方,以东方蝼蛄分布最为广泛,北方则以华北蝼蛄为主。

蝼蛄以成虫和若虫在土中为害,咬食各种作物种子、幼芽或咬断幼根,幼苗根茎被害部呈麻丝状,并且由于它在土中活动造成隧道,使幼苗根系与土壤分离,失水干枯而死。

图5-16 蝼蛄

蝼蛄的前足称为"开掘足",这是蝼蛄类昆虫所特有的足,它们就是用这种足在土壤里到处挖洞的。它们的前翅短、后翅长,呈折扇状纵折在前翅下,并伸出腹部末端如尾状。这是蝼蛄的共同特征。

东方蝼蛄体长30~35毫米;华北蝼蛄比东方蝼蛄大,体长39~50毫米。东方蝼蛄的后足胫节内上方有3根以上的刺,而华北蝼蛄只有1~2根刺,有的没有刺。它们的若虫与成虫相似,只是体形稍小,没有翅膀。

第六章

中级农作物植保员必备技术
——预测预报（田间调查）

本章为中级农作物植保员必备技术预测预报板块的田间调查部分，主要内容包括病虫害田间分布型、主要病虫害测报调查。

▶ 第一节　病虫害田间分布型

不同的病虫害在田间分布的格局是不同的，因而形成不同的分布型。病虫害田间分布型是确定田间调查取样方法的主要依据，最常见的田间分布型有随机分布、核心分布和嵌纹分布三种。

随机分布的病虫害在田间呈比较均匀的分布状态，个体之间具有相互独立性，如玉米螟卵块、甜菜夜蛾卵块等。核心分布的病虫害形成许多小集团或核心，并向四周做放射状扩散。核心与核心之间是随机分布的，为一种不均匀分布，核心内通常比较密集，如二化螟幼虫、土壤线虫病等。嵌纹分布的病虫害在田间分布，疏密相间，形成密集程度很不均匀的大小集团，呈嵌纹状，如棉叶螨、棉铃虫幼虫、小麦白粉病等。

在田间调查时，取样数量的多少和取样点的形状、大小是由病虫害的分布型来决定的。调查随机分布型病虫害时，取样数量可以少一些，每个取样点可以稍大一点；调查核心分布型病虫害时，取样数量要稍稍多一些，每个取样点应当稍小一点；调查嵌纹分布型病虫害时，取样数量可以多一些，每个样点适当小一点。

在预测预报中,中级农作物植保员要求掌握主要病虫害测报调查方法,能进行病情指数、螨害级数等的常规计算,能对病虫害发生动态做出初步判断。

▶ 第二节　主要病虫害测报调查

一　稻瘟病系统调查

1. 苗瘟调查

苗瘟调查从水稻3~4叶期至拔秧前3~5天,共查2~3次。分别选择发病轻、中、重的代表类型田,每类型田查3块,5点取样,每点随机查20株,每块田查100株。以株为单位,调查病株数、急性型病株数、叶龄期,按苗瘟病情分级标准进行分级,记载调查结果。

苗瘟病情分级标准以株为单位,无病斑的为0级,5个以下病斑的为1级,5~10个病斑的为2级,全株发病或部分叶片枯死的为3级。为了反映秧苗的群体发病程度,就需要计算出秧苗的病情指数,用公式"病情指数(%)=$\dfrac{\sum(各级发病株数×各级代表值)}{调查总株数×最高级代表值}$×100%"计算出来就可以了。

2. 叶瘟调查

叶瘟调查从水稻插秧后秧苗返青时开始,每5天调查1次,查到始穗期止。

根据当地水稻品种的布局状况和生态类型,选择发病条件好、发病比较早并且有代表性的早、中、迟三种类型的感病品种稻田各2~3块,作为系统观测点,在整个观察期内不施用防病药剂。每块田在近田埂的第

二行至第三行稻内直线定查2点,每点查2丛,按大田叶瘟病情分级标准进行分级,记载调查结果。

在叶瘟调查中,凡是混生急性和慢性病斑的病叶以急性型叶数计入,剑叶和叶环瘟数应当在备注中记载。大田叶瘟病情分级标准以叶片为单位:无病斑的为0级;病斑少而小,病斑面积占叶片面积1%以下的为1级;病斑小而多或大而少,病斑面积占叶片面积1%~5%的为2级;病斑大而且比较多,病斑面积占叶片面积5%~10%的为3级;病斑大而多,病斑面积占叶片面积的10%~50%的为4级;病斑面积占叶片面积50%以上、全叶将枯死的为5级。

3. 穗瘟调查

穗瘟调查时间从始穗期开始,每5天调查1次,至黄熟期结束,以大田叶瘟的系统调查田作为穗瘟的系统调查田。

在原叶瘟定点系统调查稻丛内继续观察,病轻年份原定点的稻丛不能明显反映病情趋势时,应当从定点处外延,扩大到50丛稻进行观察,按穗瘟病情分级标准进行分级,记载调查结果。

穗瘟病情分级标准,以穗为单位,无病的为0级;每穗损失5%以下,或个别枝梗发病的为1级;每穗损失5%~20%,或1/3左右枝梗发病的为2级;每穗损失20%~50%,或穗颈或主轴发病的为3级;每穗损失50%~70%,或穗颈发病,大部分秕谷的为4级;每穗损失70%以上,或穗颈发病造成白穗的为5级。

(二) 水稻纹枯病系统调查

水稻纹枯病的系统调查,从水稻分蘖盛期开始至乳熟期,每5天调查1次,蜡熟期再进行1次病情指数调查。

选择长势较好的主栽品种的早、中、迟三种类型田各1块。调查取样的方法是,每块田用对角线定2点,每点一般不超过1个发病中心,如果条件允许的话,在观察点及观察点周围留出大约70平方米为不施药区。

确定好取样点后,每点直线前进调查50丛,共查100丛。隔5丛调查1丛,共查20丛的病株数和总株数,并计算病丛率和病株率。蜡熟期对病株进行严重度分级,计算病情指数。

三 稻飞虱系统调查

1. 秧田虫量系统调查

秧田稻飞虱虫量的系统调查,从秧苗3叶期开始到拔秧前结束,每5天调查1次,以调查成虫数量为主。

选品种、生育期和长势有代表性的秧田3块,每块田定10个点,采用扫网法随机取样。扫网取样的方法是,用直径53厘米的捕虫网来回扫取宽幅为1米、面积为0.5平方米的秧苗,统计捕虫网内的成虫数量,并且换算为每平方米秧苗的成虫量,记载调查结果。

2. 本田虫量系统调查

稻飞虱本田虫量的系统调查,在水稻移栽后,从诱测灯下出现第一次成虫高峰后开始,至水稻成熟收割前2~3天结束。选品种、生育期和长势有代表性的本田3~5块,采用平行双行跳跃式取样,每点取2丛。

在进行稻飞虱本田虫量系统调查时,每块田的取样丛数可根据稻飞虱虫口密度来确定。每丛稻飞虱虫口密度低于5头时,每块田查50~100丛;每丛5~10头时,每块田查30~50丛;每丛大于10头时,每块田查20~30丛。

调查时,用33厘米×45厘米的白搪瓷盘作载体,用水湿润盘内壁,查虫时将盘轻轻插入稻行,下缘紧贴水面稻丛基部,快速拍击植株中下部,

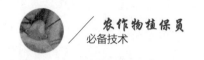
连拍3下,每点计数1次,记录各类飞虱的成虫和若虫数量,每次拍查计数后,清洗瓷盘,再进行下次拍查,记载调查结果。

3. 稻飞虱田间卵量系统调查

稻飞虱田间卵量系统调查,在主害代成虫高峰后5~7天查1次,秧苗每平方米成虫数量超过5头时,移栽前3天进行1次卵量调查。

稻飞虱田间卵量系统调查要在观测区内选择不同类型的田块,采用平行跳跃式取样,每点取1~2丛,每丛拔取分蘖1株,主害代前一代取50株,主害代取20株。

将取样稻株带回室内镜检剖查卵条和卵粒,记录未孵化有效卵粒数、寄生卵粒数、孵化卵粒数和卵胚胎发育进度,记载所有调查结果。

4. 稻飞虱为害状况调查

当田间稻飞虱数量达到一定程度时(通常白背飞虱百丛虫量大于5000头,褐飞虱百丛虫量大于3000头)受害水稻基部茎秆变软、倒秆枯死,在田间形成塌陷的坑,或成片倒塌枯黄,称为冒穿,也称为穿顶或塌秆,稻飞虱为害状况调查就是对冒穿状况的调查。

稻飞虱为害状况调查,应当在各类水稻黄熟期前2~3天进行,采用大面积巡视目测法,记录调查区内有冒穿出现的田块数和面积,折合成净冒穿面积,计算占调查区田块和面积的百分比,记载调查结果。

（四）二化螟系统调查

1. 二化螟枯鞘团密度调查

二化螟枯鞘团密度调查的时间,应当根据预测情况,在各代卵孵高峰期开始调查,一般每隔3天查1次。当枯鞘团基本停止增加时结束。

根据稻作、品种或插秧期划分若干类型,每个类型选择有代表性的稻田2块以上,做定田、定点系统调查。每块田调查500~1000丛,采取3~

5行稻直线连续取样法,记录枯鞘团数。记载调查结果,计算出累计枯鞘团数和平均每亩枯鞘团密度等相关数值。

2. 螟害率调查

螟害率调查包括枯心率和虫伤株率2项调查,枯心率调查一般在枯心苗停止发展后,也就是幼虫化蛹始盛期进行。虫伤株率调查一般在水稻临近收割前进行,可结合虫口密度调查同时进行。

螟害率一般按虫口密度调查方法取样。根据当地稻作品种、插秧期或螟害轻重划分类型田,每个类型选择有代表性的稻田3~4块,采取平行跳跃式取样或双行直线连续取样200丛,为害特轻的,每块田调查1000~1500丛,统计其中所有的受害分蘖数,同时调查20丛稻的平均分蘖数或穗数,计算出螟害率。

螟害率的计算方法如下:

$$枯心率(\%)=\frac{200丛稻的枯心数}{20丛稻分蘖数 \times 10} \times 100\%$$

(五) 稻纵卷叶螟调查

1. 稻纵卷叶螟卵量调查

稻纵卷叶螟卵量调查是在各主害代发生高峰期进行,共查1~2次,选择有代表性的类型田各1~2块,采用双行平行跳跃式取样,每块田查10丛,目测所有叶片有效卵、寄生卵、干瘪卵数,记载调查结果。

2. 稻纵卷叶螟幼虫发生程度调查

稻纵卷叶螟幼虫发生程度调查是在各主害代施药防治2~3龄幼虫前、田间普遍发生卷叶时进行,选择有代表性的乡镇、村进行抽样。各类型田的调查块数应当按比例确定。调查采用大田巡视目测法。目测稻株顶部3片叶的卷叶率,对照稻纵卷叶螟幼虫发生级别的分类,确定幼虫

发生级别,记录各级别所占田块数和比例,记载调查结果。

3. 稻叶受害程度调查

稻叶受害程度调查是在各主害代防治结束、为害基本定局后进行,采取和幼虫发生程度调查相同的抽样方法,目测稻株顶部3片叶的卷叶率,对照稻叶受害程度级别的分类,确定稻叶的受害程度,记录各级别所占田块数和比例,记载调查结果。

(六) 棉花黄萎病调查

棉花黄萎病调查(图6-1)是在黄萎病发病高峰期进行,对当地历年发生区和发生比较严重的地区进行重点普查,普查的田块尽可能地多一些,普查面积一般要求不低于栽培总面积的5%。取样的方法:每块田平行取8~10个点,每点查50株。

棉花黄萎病调查病区划分标准:无病株为无病区;发病率在0.5%以下的为零星病区;发病率在0.5%~2.0%,没有明显发病中心的为轻病区;发病率在2.1%~5%,有较明显发病中心的为中度病区;发病率在5%以上,有明显的发病中心,全田较普遍发病的为重病区。

图6-1 棉花黄萎病调查

七 棉铃虫调查

棉铃虫调查有成虫调查与虫卵调查两项内容。调查成虫时,在棉田用杨树枝把诱蛾,诱蛾时间从6月初至9月底。取10枝二年生杨树枝条,枝长大约60厘米,晾萎蔫以后捆成一束,竖立在棉田行间,枝把高度超出棉株15~30厘米;选生长比较好的棉田2块,每块田2亩以上,每块田插10束。

进行棉铃虫成虫调查时,每天日出之前检查成虫的雌雄蛾数量。每7~10天更换1次枝把,以便保证诱蛾效果。查得的结果记录在棉田成虫诱测记录表中。

在查棉铃虫虫卵时,选择有代表性的一类、二类棉田各1块,采用5点取样法,1代、2代每点单行调查20株,3代、4代、5代每点调查10株。每块田采用定点定株的调查方式,2代查棉株顶端及其以下3个果枝上的卵量,3代查棉尖和嫩叶上的卵量。坚持每次上午调查,每3天调查1次,查后将卵抹掉。调查的结果记录在棉铃虫的生长调查表中。

八 棉花叶螨调查

1. 棉花叶螨系统调查

棉花叶螨系统调查,从棉花齐苗开始,每5天调查1次,到吐絮盛期结束。按当地棉叶螨的发生特点,选择3~5种类型田,每种类型选1块1亩以上的棉田进行调查。

棉花叶螨的系统调查,采用"Z"形取样,按田块大小合理安排样点,每块田取50株棉花。苗期查全株。现蕾后,每株调查主茎上的3片叶,分别是主茎最上端的展开叶、中间叶和最下端的果枝位叶,记载成螨数、螨害级别。

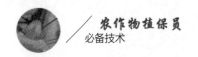

以朱砂叶螨为主的地区,螨害的分级标准共有4级:无为害的为0级,叶面有黄色斑块的为1级,红色斑点占叶面1/3以下的为2级,红色斑点占叶面1/3以上的为3级。计算平均螨害级数的公式是:

$$平均螨害级数=\frac{\sum(某级螨害级数\times该级叶片数)}{调查总叶片数}$$

2. 棉花叶螨春季虫源基数调查

棉花叶螨春季虫源基数调查,在3—4月份,日平均气温稳定在6℃以上时进行,共调查2次,间隔10天左右。调查的对象是棉花的前茬作物和寄主杂草。南方棉区主要在蚕豆上进行调查,北方棉区主要在小麦上进行调查。在棉田内及棉田附近,选择3~5种棉花主要寄主杂草进行调查,如野苜蓿、蒲公英、益母草、马鞭草、佛座、婆婆纳、蛇莓等。

在前茬作物上共调查2~3块田,每块田采用5点取样法,共调查50~100株,如果在蚕豆上调查,应当按枝取样。在田内寄主杂草上调查,采用随机取样法,每种杂草共调查50~100株,记载有螨株率、百株成螨数,以2次调查的平均值作为当年春季棉花叶螨的虫源基数。

第七章

中级农作物植保员必备技术
——综合防治

本章主要内容包括几种主要病虫发生规律、综合防治计划的起草与实施。

在综合防治中,中级农作物植保员要求掌握有关主要病虫发生规律的基本知识和生物防治的基本知识,并且能结合实际对一种主要病虫提出综合防治计划,利用天敌进行生物防治,合理使用农药控制害虫、保护益虫。

▶ 第一节 几种主要病虫发生规律

一 稻瘟病发病规律

稻瘟病病菌以菌丝体和分生孢子在病稻草和病种谷上越冬,成为第二年的初侵染来源。病谷播种后引起苗瘟,但早稻育秧期气温低,很少发生苗瘟;双季稻区晚稻育秧期间,气温已经升高,所以种谷带菌可引起晚稻苗瘟。带菌稻草在第二年春夏之交,只要温度、湿度条件适宜,便会产生大量的分生孢子。分生孢子借风雨传播到秧田或本田,萌发后侵入水稻叶片,引起发病。发病后病部产生的分生孢子,经风雨传播,又可进行再侵染。叶瘟发生后,相继引起节瘟、穗颈瘟乃至谷粒瘟。稻瘟病病菌繁殖很快,在感病品种上,只要温度、湿度条件适宜,便会在短时间内

流行成灾。

水稻不同品种间抗病性差异很大,存在高抗至感病各种类型。同一品种不同生育期抗病性也有差异,以四叶期、分蘖盛期和抽穗初期最易感病。叶片抽出当天最易感病,稻穗以始穗期最易感病。此外,氮肥施用过多或过迟、密植过度、长期深灌或烤田过度都会导致稻瘟病的严重发生。

稻瘟病为温暖潮湿型病害。气温在24~28℃时,如果遇上阴雨多雾、露水重的天气,就容易引起稻瘟病严重发生。抽穗期,持续1个星期气温低于20℃或者持续3天气温低于17℃,常造成穗颈瘟流行。

二 水稻纹枯病发病规律

水稻纹枯病菌主要以菌核在土壤中越冬,也能以菌核和菌丝在病稻草、田边杂草及其他寄主上越冬。水稻收割时,大量菌核落入田中,成为次年或下一季的主要初侵染源。春耕灌水、耕田后,越冬菌核漂浮于水面。插秧后菌核附着在稻株基部的叶鞘上,在适温条件下,萌发长出菌丝,侵染水稻,引起发病。病部长出的菌丝可通过接触邻近稻株进行再侵染。在分蘖盛期至孕穗初期,主要在株、丛间水平扩展,导致病株率增加,随后再由下位叶向上位叶垂直扩展,至抽穗前后10天达到发病高峰期。病部形成的菌核脱落后,随水流传播附着在稻株叶鞘上,可萌发进行再侵染。

上一年发病重的田块,田间遗留菌核多,下一年的初侵染菌源数量大,稻株初期发病较重。水稻不同品种间对纹枯病的抗性有一定差异,但没有高抗或免疫的品种。一般而言,糯稻比粳稻易感病,粳稻比籼稻易感病,杂交稻比常规稻易感病,矮秆阔叶品种比高秆窄叶品种易感病。长期深灌,田间湿度偏大和氮肥施用过多、过迟,水稻生长过旺,田间郁闭,有利于发病。

纹枯病属于高温高湿型病害。温度在 22℃以上、空气相对湿度在 90%以上就可以发病,温度在 25~31℃、相对湿度在 97%以上时发病最重。

（三）水稻白叶枯病发病规律

水稻白叶枯病的初侵染源,新稻区以带菌种子为主,老病区以病稻草为主。此外,病菌在稻桩、再生稻、杂草及其他植物上也能越冬并传病。在病草、病谷和病稻桩上越冬的病菌,至第二年播种期间,一遇雨水,便随水流传播到秧田,由芽鞘或基部的变态气孔、叶片水孔或伤口侵入。病苗或带菌苗移栽本田,会发展成为中心病株。新病株上溢出的菌脓,借风雨飞溅或被雨水淋洗后随灌溉水流传播,不断进行再侵染,扩大蔓延。

水稻白叶枯病的发生、流行与病菌来源、气候条件、肥水管理和品种抗病性等都有密切关系。凡长期深灌或稻株受淹,则发病严重。偏施氮肥,稻株贪青徒长,株间通风透光不足,湿度增大,有利于病菌繁殖,加重病害。水稻品种对水稻白叶枯病抗性差异很大,一般糯稻、粳稻比籼稻抗病,窄叶挺直品种比阔叶披垂品种抗病,叶片水孔少的品种比水孔多的品种抗病。

在菌源量充足的前提下,气温在 25~30℃、空气相对湿度在 85%以上,多雨、日照不足、常刮大风的气候条件下,稻白叶枯病容易发生流行。暴风雨袭击或洪涝之后,病害往往在几天之内就会暴发成灾。

（四）水稻条纹叶枯病发病规律

水稻条纹叶枯病病毒仅靠介体昆虫传病,其他途径不传病。介体昆虫主要为灰飞虱,一旦获毒可终身传毒,并可以通过卵传毒。灰飞虱在

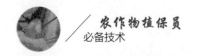

病稻株上吸食30分钟以上就可以获毒了,病毒进入灰飞虱体内后,要经过4~23天的循回期才能繁殖出足够的数量,循回期过后,灰飞虱取食健康稻株的时候,就可以传播病毒了。病毒主要在带毒灰飞虱体内越冬,部分在大麦、小麦及杂草病株内越冬。在大麦、小麦田越冬的若虫,羽化后在原麦田繁殖,然后迁飞至早稻秧田或本田传毒为害并繁殖,早稻收获后,再迁飞至晚稻上为害,晚稻收获后,迁回冬麦上越冬。水稻在苗期到分蘖期易感病。叶龄长,潜育期也较长,随植株生长抗性逐渐增强。条纹叶枯病的发生与灰飞虱发生量、带毒虫率有直接关系。春季气温偏高,降雨少,虫口多发病重,以小麦为前作的单季晚粳稻发病重。

（五）稻飞虱发生规律

以褐飞虱为例,它的年发生世代数自北向南有1~12代,其中江苏、浙江、湖北、四川等省1年发生4~5代,湖南、江西、福建1年发生6~7代,广东、广西南部1年发生10~11代,海南1年发生12代。

褐飞虱喜阴湿环境,成虫、若虫栖息在稻丛下部取食生活,穗期以后逐渐上移。成虫、若虫都不活泼,如果没有外界惊扰,很少移动,受到惊扰就横行躲避,或落到水面,或飞到别处。

褐飞虱卵大多成条产在叶鞘肥厚的部位。产卵痕初呈长条形裂缝,不太明显,以后逐渐变为褐色条斑。

褐飞虱是迁飞性害虫,长翅型成虫可以随着季风远距离迁飞扩散,到达迁入地之后,就开始定居繁殖。迁入地条件适宜时,褐飞虱会繁殖出短翅型成虫。短翅型成虫产卵前期短、产卵历期长、产卵量高,因此短翅型成虫的增多是褐飞虱大发生的征兆。

如果虫源基地有大量虫源,迁入季节时雨天频繁、雨量大,迁飞降落的虫量就多。在一定的虫源基数下,充足的食料和适宜的气候条件有利于褐飞虱的繁殖。褐飞虱喜温暖高湿,生长发育的适温为20~30℃,最适温度26~28℃,相对湿度在80%以上。长江中下游地区"盛夏不热,晚秋不凉,夏、秋多雨"是褐飞虱大发生的气候条件。

(六) 稻纵卷叶螟发生规律

稻纵卷叶螟也是一种迁飞性害虫。其年发生代数由北向南递增,为1~11代。初发代由南向北迁飞。成虫有趋光性、强趋荫蔽性,喜欢选择生长嫩绿、叶片宽软的稻田产卵,卵多散产在水稻的中、上部叶片。幼虫孵化后就能取食,初孵幼虫取食心叶或嫩叶鞘叶肉,被害处呈针头大小半透明的小白点。2龄后开始在叶尖或叶片的上、中部吐丝,缀成小虫包,3龄虫包长度超过13厘米,纵卷稻叶,3龄以后有转移为害的习性。老熟幼虫多在稻丛基部黄叶、老叶鞘内化蛹。

稻纵卷叶螟在周年繁殖区以本地虫源为主,发生轻重主要由上一代残留虫量决定;在其他稻区则取决于迁入虫源的数量。22~28℃的适宜温度和高湿环境适宜稻纵卷叶螟发生,温度高于30℃或低于20℃,或相对湿度低于70%,都不利于它的发育。

凡是早、中、晚稻混栽地区,水稻生育期参差不齐,为各代提供了丰富的食料,繁殖率和成活率相应提高,稻纵卷叶螟发生量大;一般籼稻的虫量大于粳稻;矮秆、阔叶、叶色嫩绿的水稻品种,虫量最为集中。此外,管水不科学、施肥不当、偏施氮肥、过于集中施肥,都有利于稻纵卷叶螟繁殖为害。

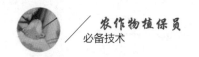

第二节　综合防治计划的起草与实施

一　稻瘟病的综合防治

稻瘟病的防治应当采取以栽培高产、抗病品种为基础，以加强肥水管理为中心，发病后及时喷药的综合防治措施。

选择高产、抗病品种是防治稻瘟病最经济、有效的措施。近年来，我国各地已选育出大量可供推广的抗病、高产良种，各地可以因地制宜选用。生产中要注意品种的合理布局，防止单一化种植，并且注意品种的轮换、更新。

采取科学的肥水管理，增强稻株的抗病力，对稻瘟病的防治同样起着关键性的作用。具体来讲，在肥料管理上，要求适当增施有机肥，氮、磷、钾肥配合使用，基肥要施足，追肥要早施，中后期应当看苗、看天、看田施肥。水分管理要求做到与施肥密切配合，以水调肥，促控结合；生育期内以浅水勤灌为主，分蘖期要根据水稻长势适当排水晒田，保持干干湿湿，控制好田间小气候。水稻生长的环境条件改善了，稻株体内的可溶性氮化物就会减少，根系就会向深处生长，能更多地吸收养分和硅酸盐，抗病力自然也就会大大增强。

实践证明，从源头上控制或消灭病原，对稻瘟病的防治可以起到事半功倍的效果。首先，发病田的病谷和病稻草要及时清理，另外堆放，或者集中进行高温堆肥，一定不要将带菌的稻草直接还田，或者用病稻草进行覆盖催芽或捆秧；堆肥或垫圈的病稻草要充分腐熟后再使用。其次，播种前要用多菌灵、甲基硫菌灵等药剂浸种，按照操作要求对种子进行消毒处理,杀死种子表面附着的病原菌。

药剂防治要掌握好防治适期,防治苗瘟或叶瘟要在发病初期,在发现有急性病斑或出现发病中心时用药,及时消灭发病中心。

苗瘟一般防治1~2次,可用嘧菌酯按说明书剂量防治。防治叶瘟,间隔3~5天喷1次药,连喷2~3次;防治穗颈瘟应当在控制叶瘟大流行的基础上,在破口期至始穗期进行一次防治。药剂可选用嘧菌酯、吡唑醚菌酯、稻瘟酰胺、烯肟·戊唑醇等,然后根据天气情况,如果气象条件有利于病害发展,可以在齐穗期再防治一次。喷药时,对准水稻穗部均匀喷雾。

二 棉铃虫的综合防治

棉铃虫的防治应根据各地情况,抓住主害世代,突出防治重点;强化农业防治措施,狠压虫口越冬基数;棉田内外,主治兼治相结合;充分发挥天敌的自然控制作用,重发区适当放宽化学防治指标,采取农业防治、物理防治、生物防治、化学防治等多种措施协调实施的综合防治策略。

在农业防治措施方面,可通过作物布局的调整,改变棉铃虫发生的生态条件,控制为害。例如,较大面积的扩种高粱或晚玉米,绿肥改种生育期较短的箭舌豌豆,棉花与小麦套种等;秋后深耕,麦收后立即耕地灭茬,在各代蛹期灌水和中耕松土,可杀灭土壤中的蛹;在棉铃虫3代、4代产卵盛期,结合打顶心、去边心、抹赘芽、去老叶、剪空枝等整枝打尖措施,将打下的枝梢带出田外集中处理,可消灭部分幼虫和卵块;推广种植Bt抗虫棉;适时使用植物生长调节剂,如缩节胺等,合理化控,促进棉花稳健生长,增强抗逆性。

诱杀是控制棉铃虫成虫的有效措施,可显著降低下一代田间落卵量,可以通过种植诱集植物、杨树枝把诱杀、灯光诱杀和性诱剂诱杀等多种方法,诱杀成虫。

种植诱集植物,包括种植玉米诱集带和蜜源植物。棉铃虫喜欢在玉米上产卵,用春玉米与棉花间作,可诱集大量棉铃虫在玉米上产卵,然后,我们可以进行集中杀灭。利用成虫需到蜜源植物上取食以获得补充营养的习性,在棉田内或附近种植花期与棉铃虫羽化期相吻合的植物,如芹菜、洋葱、胡萝卜等。

用杨树枝把诱杀,可以在成虫羽化高峰期用60~70厘米长的杨树枝7~8枝扎成1把,每亩棉田均匀插10把,枝把高出棉株15~30厘米,每天清晨用塑料袋套住捕杀的成虫。杨树枝把每7天左右更换1次。

灯光诱杀可以用频振式杀虫灯、高压汞灯、黑光灯等进行诱杀。性诱剂诱杀就是在棉铃虫羽化盛期,于田间放置水盆式诱捕器,利用人工合成的棉铃虫雌性性外激素诱杀雄虫。

棉铃虫的生物防治措施主要包括保护并利用自然天敌,释放赤眼蜂和喷洒生物制剂。释放赤眼蜂的时间应当从棉铃虫产卵初盛期开始,每隔4~5天,连续释放2~3次。另外,在棉铃虫初龄幼虫期喷洒Bt乳剂或棉铃虫核型多角体病毒,防治效果都比较好。

（三）稻飞虱的综合防治

稻飞虱的防治应当采用推广抗病虫品种,适当控制氮肥,通过适时晒田控制田间荫蔽,增强通风透光程度,减少稻飞虱为害程度;加强夏季灯下预测,通过当季观察飞迁高峰的发生时期,及时预测预报。根据稻飞虱集中为害基部的特点,可进行稻田养鸭防治(图7-1),采用稻鸭共栖的形式进行稻飞虱防治。在稻飞虱迁飞来到之时,不定期或定期将鸭子放在田中,利用鸭子捉虫。通过实践,每亩稻田放20~25只鸭子,在水稻分蘖期至抽穗前期赶入田中,不仅能有力地防治稻飞虱的为害,增加稻田的通气性,还能兼治稻纵卷叶螟。

图7-1　稻田养鸭防治稻飞虱

在稻飞虱发病重的情况下,可选用噻嗪酮、吡蚜酮、烯啶虫胺等药剂喷雾防治,喷药时一定要将药液喷到水稻基部。

（四）稻纵卷叶螟的综合防治

稻纵卷叶螟的防治应当采取冬闲田及早翻犁、利用冬春雨水或灌水灭蛹的措施,从而达到减少越冬虫源基数的目的。使用杀虫灯诱蛾灭螟蛾,减少虫源基数。

为了及时并有效地控制稻纵卷叶螟的危害,必须加强虫情监测,密切注意稻纵卷叶螟的发生动态,增强防治效果。防治稻纵卷叶螟必须抓住幼虫孵化后未卷包之前施药。在主害代2龄幼虫盛期时可选用内吸性强、能杀虫杀卵的药剂进行防治,如杀虫双+敌敌畏,或巴沙+敌敌畏,或杀虫双+吡虫啉等进行喷雾防治。

第八章

中级农作物植保员必备技术
——农药与药械使用

本章主要内容包括配制药液药土、施用农药、施药前的准备、田间施药、电动喷雾器的维修与保养、背负式手动喷雾器的维修与保养。

在农药与药械使用中,中级农作物植保员要求能批量配制农药,能够正确使用电动喷雾器并能排除电动喷雾器的一般故障,能维修保养背负式手动喷雾器。

▶ 第一节 配制药液、药土

除粉剂、颗粒剂、片剂和烟剂外,一般农药产品的浓度都比较高,在使用前必须经过配制。

配制农药一般分3个步骤进行:第一步,准确计算农药制剂和稀释剂的用量;第二步,准确量取农药制剂和稀释用水,称取用土;第三步,正确配制药液、药土。

我们该如何计算农药制剂和稀释剂的用量呢?

计算农药制剂的用量,一般有3种方法。一是按照单位面积上的农药制剂用量计算,公式:农药制剂用量=单位面积农药制剂用量×施药面积。二是按照单位面积上的有效成分用量计算,公式:农药制剂用量=单位面积有效成分用量÷制剂的有效成分含量×施药面积。三是按照农药制剂的稀释倍数计算,公式:农药制剂用量=配制药液量÷稀释药液倍数×

施药面积。

计算稀释剂水或土的用量,可以分别采用内比法或外比法来计算,当稀释倍数小于100时,用内比法计算,公式:加水或拌土量=商品农药的重量×(商品农药的浓度－配制后药剂的浓度)÷配制后药剂的浓度。当稀释倍数大于100时,用外比法计算,公式:加水或拌土量=原药剂用量×稀释倍数。

例如,某种农药的标签上注明的有效成分含量是20%,有效成分用量是每公顷300克,如何换算稀释倍数呢?

第一步,计算农药制剂的用量。简单来说,制剂的用量=有效成分用量(300克)÷有效成分含量(20%),也就是300克÷20%=1500克,因此,这种农药制剂每公顷的用量是1.5千克。

第二步,算出稀释倍数。一般来说,常规喷雾,每公顷所需要的药液为750~1125千克,也就是说要把1.5千克的农药稀释成750~1125千克的药液,所以稀释倍数=(750~1125)千克÷1.5千克=(500~750)倍。

稀释倍数确定下来后,我们就可以计算出加水量了。由于稀释倍数大于100,我们就要用外比法计算,公式:加水量=原药剂用量×稀释倍数,即1.5千克×(500~750)倍=(750~1125)千克。

1公顷约等于15亩,如果防治面积较小,使用的面积单位是亩时,将上述结果除以15就可以了。

▶ 第二节　施用农药

对于中级农作物植保员,要求能掌握背负式电动喷雾器的使用方法。

电动喷雾器由喷头、药桶、底座、电池、水泵组成,配有延长喷射距离

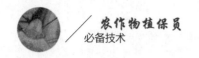
的喷杆、控制喷雾作业的手柄开关和电池充电器,是传统背负式高压喷雾器的更新换代产品。它以电源为动力,驱动小马达产生压力差,形成高速水流,再利用喷头内的金属隔片来阻挡高速水流,从而产生雾化效果。

电动喷雾器彻底改变了传统喷雾器需要不断地人工加压才能完成喷雾作业的现象,具有节省农药、用水少、雾化效果好等优点,可用于各种农作物、园林花卉和果树的病虫害防治。下面,我们将介绍电动喷雾器的使用方法。

电动喷雾器由贮液桶经滤网、连接头、抽吸器、连接管、喷管、喷头连通构成。抽吸器是一个小型电动泵,电池盒装于贮液桶底部。

▶ 第三节 施药前的准备

一 驳接

凡是新购买的电动喷雾器,在初次使用时要先进行驳接。方法如下:首先,拧开手柄末端的喷头,然后取出具有防漏水、保压功能的大"O"形圈,将圈套入手柄端口的凹槽上。接着,先检查喷杆内是否通畅,再将喷杆连接到手柄上。注意喷杆末端口的凹槽上也要套上一个大"O"形圈。最后,选择一个合适的喷头,拧开套入大"O"形圈,再紧紧地拧在喷杆上,驳接工作就完成了。

二 试机

新购机需要进行试机。方法如下:首先将电池复位,取出电池,平行转动180°,将电池极耳按红线对红头、黑线对黑头的方法连接牢固,之后对正装入,扣好电池钩就可以了。然后,打开电源开关,启动水泵。仔细检查水泵有无异响,如有杂音表示水泵有问题,需要更换。注意试机时水泵不要长时间空转,应当及时关机。试机没有问题后,进行试喷。

三 试喷

拧开桶盖,加入适量清水,打开电源开关,然后就可以试喷了。试喷时,开启手柄开关,查看各连接处是否密封、牢固,压力是否正常,雾状效果是否理想。试喷半分钟后关闭手柄开关,保持压力1分钟,再查看水泵、出水管、手柄是否渗漏。这时水泵如果出现间断跳动属于正常现象。

新购买的电动喷雾器,如果不按要求对电池进行充电就使用,会影响电池的使用寿命。所以,在试开机没有发现异常以后,必须立即为电池充电。第一次充电时间一般为8~10个小时,以后充电时间的长短视电池的使用情况而定。

四 充电

充电时,把充电器插头接入220伏交流电的插座上,这时电源信号灯不亮;再将充电器DC(直流电)插头插入桶底的DC插孔内,这时信号灯亮,呈红色,表示正在充电。当信号灯由红色转为绿色时,表示充电基本完成,但是这时电量并没有真正充满,需要再充1~2个小时。需要注意的是,电池充电完毕后,必须先拔下DC插头,再断开充电器电源。在上述一系列工作完成以后,就可以进行下一步了。

五 调整背带

先通过松紧扣,将背带调整到合适的长度,然后手拉背带,检查背带

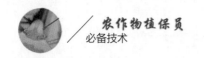

是否牢固、两侧背带的长度是否相同、连接部位是否可靠。最后调节护肩垫的位置,以能够灵活背起喷雾器、感觉松紧适度为好。接下来,就可以往药桶里添加药液了。

(六) 添加药液

使用液体药剂时,先将所需要的清水加入桶内,最高水位离桶口应有5厘米间距。然后,按用量将药液倒入大过滤网内。使用粉状药剂时,要先将药剂倒入其他容器里,加水把它搅开,然后再倒入加好水的喷雾器中。禁止去掉大过滤网直接添水加药,禁止将粉状药剂直接倒入桶内,禁止将药桶沉入水中盛水。药液添加完毕后,要将桶盖拧紧,防止漏气和药液溢出。

所有工作完成以后,就可以进行田间施药作业了。

▶ 第四节　田间施药

开始施药时,一定要戴上手套和口罩,有条件的还应当穿好防护服,以防止施药时发生农药中毒。施药时,用右手握住手柄,左手打开电源开关,启动水泵。这时压下手柄开关把手,就可以开始喷雾作业了,松开手柄开关把手就可以关闭喷雾。需要长时间喷雾作业时,只需将手柄上的红色卡板卡到位,这样即使不用手压,也仍然能保持手柄处于常"开"状态,减少体力消耗。如果中途需要添水加药或者长时间停止施药作业,必须关闭电源。

为了减少喷雾器故障的发生,延长使用寿命,除了要学会正确的使用方法外,还必须学习和掌握一些简单的故障维修方法和日常保养知识。

▶ 第五节　电动喷雾器的维修与保养

电动喷雾器因为使用方便、工效高,受到越来越多农民朋友的喜爱,现已成为防治病虫害的主要工具。但是,电动喷雾器比较"娇贵",一旦在使用中操作不当、保养不及时,就很容易发生故障。那么,我们应该如何保养电动喷雾器,才能延长其使用寿命呢?

一　故障维修

1. 开启电源后,水泵不运转

产生这种故障的原因:电源线接触不良或电池电量不足。

解决方法:拆下桶底,将电源线连接牢固或为电池充电。

2. 桶底漏水

产生这种故障的原因:水泵的进水管或出水管连接处松动或破裂。

解决方法:将水管连接处拧紧或更换水管。

3. 雾化不良

产生这种故障的原因:一是喷头有异物堵塞或没有拧紧,二是过滤网堵塞,三是手柄开关阀堵塞。

解决方法:一是清除喷头内的异物、拧紧喷头,二是清洗过滤网,三是检修或更换手柄开关。

4. 机身间断跳动

产生这种故障的原因:一是喷雾流量过小,二是出水管有渗漏。

解决方法:一是更换喷头,二是拧紧出水管连接处。

二 日常保养

1. 清洗喷头、过滤网

每次施药作业结束后，取下喷头和过滤网，将喷头和过滤网浸泡在清水中，5分钟后再用流动的清水进行冲洗。洗掉喷头和过滤网上存留的药液颗粒后，放在通风处晾干。

2. 电池维护

为了延长电池的使用寿命，在前3次使用时，要将电全部用完后再充电。电动喷雾器长时间不用时，应当将电池充满后放在通风干燥处，每隔1个月充电1次，每次充电时间为1~2个小时。严禁在使用电动喷雾器后不充电存放。

3. 水泵保养

在喷雾作业时，所用的药液一般为酸性或碱性，残留在水泵里，具有一定的腐蚀作用。所以，每次用完后，倒入半桶清水将剩余的药液喷完，这样既可以清除残留药液，又可以达到清洗水泵的目的。

因为多数农药对喷雾器都有一定的腐蚀作用，所以在日常保养中要特别注意，每次作业结束时，务必用清水多次冲洗喷雾器，尤其要把药液桶、胶管、喷杆等部件清洗干净。

▶ 第六节　背负式手动喷雾器的维修与保养

背负式手动喷雾器在使用过程中难免会发生故障，作为中级农作物植保员，应当会处理这些故障，使喷雾器能正常工作，并且使用后要及时进行保养，妥善存放。那么，背负式手动喷雾器可能会发生哪些故障，我们该如何排除这些故障,又该采取哪些具体的保养措施呢?

一 背负式手动喷雾器的故障维修

　　背负式手动喷雾器的故障之一是手压摇杆或手柄时,感到不费力,喷雾压力不足,雾化不良。出现这种故障的原因:一是可能进水阀被污物挡住,可以拆下进水阀,清洗一下。二是可能牛皮碗干缩硬化或损坏,可以将牛皮碗放在动物油或机油里浸软或更换新的牛皮碗。三是可能连接部位没有装密封圈或密封圈损坏了,须加装或更换密封圈。

　　背负式手动喷雾器的故障之二是手压摇杆或手柄时,用力正常,但是不能正常喷雾。出现这种故障的原因:一是可能喷头堵塞了,须将喷头拆开清洗,拆喷头时,注意不能用铁丝等硬物捅喷孔,以免扩大喷孔,影响喷雾质量。二是可能套管或喷头滤网堵塞了,须拆开清洗,去除堵塞物。

　　背负式手动喷雾器的故障之三是泵盖处漏水。出现这种故障的原因:一是可能药液加得过满,超过了泵筒上的回水孔,须倒出适量药液,使液面低于水位线。二是可能牛皮碗损坏了,须更换新的牛皮碗。

　　背负式手动喷雾器的故障之四是各联结处漏水。出现这种故障的原因:一是可能没有拧紧螺丝,须将螺丝拧紧。二是可能密封圈损坏或没有垫好,须将密封圈垫好或更换密封圈。三是可能直通开关芯表面的油脂涂得少,须在开关芯上薄薄地涂上一层油脂。

　　背负式手动喷雾器的故障之五是直通开关拧不动。这可能是开关芯因被农药腐蚀而粘住了。如果能拆下开关,可以将开关放到水中清洗后再重新安装。

二 背负式手动喷雾器的保养

背负式手动喷雾器用完后,应当倒出桶内的残余药液,对桶进行清洗。先用热碱水洗,再用清水洗,最后擦干桶内的积水。所有的皮质垫圈,应当浸足机油,以免发生干缩硬化现象。喷射部件的开关应当打开,倒挂在干燥阴凉处。凡活动部件及非塑料的接头连接处,应当涂上黄油防锈(注意,橡胶件千万不能涂油)。保养后的喷雾器放在干燥通风的室内,远离火源,避免与农药等腐蚀性物质放在一起。

第九章 ▶ 高级农作物植保员必备技术
——预测预报

本章为高级农作物植保员必备技术的预测预报,主要内容包括杂草与天敌的识别、主要病虫害发生期和发生量的调查、病虫害统计图表的编制、病虫害防治适期和防治田块的查定方法等内容。

▶ 第一节 杂草与天敌的识别

一 杂草的识别

1. 稗草

稗草(图9-1)是一年生禾本科杂草,主要生长在湿地或水中,是沟渠

图9-1 稗草

和水田及其周围环境中的常见杂草。成株株高50~130厘米,秆直立或基部倾斜,无毛,丛生。无叶耳、叶舌,叶片呈条形,中脉比较宽,呈白色。花期在7—9月份,花序为绿色或紫绿色,呈圆锥形。颖果为米黄色,呈椭圆形。

2. 空心莲子草

空心莲子草(图9-2)又称水花生,苋科多年生水生杂草,适合生长在池塘、沟渠、河滩湿地或浅水中。成株株高55~100厘米。茎基部匍匐在地面上,上部斜生,中空,具有不明显的四棱。根从茎节的地方生长出来。叶对生,有短柄,叶片呈长椭圆形至倒卵状披针形。头状花序单生在叶腋处,有长1~4厘米的总花梗,花为白色。

图9-2　空心莲子草

3. 眼子菜

眼子菜(图9-3)又称竹叶草,是眼子菜科多年生水生漂浮杂草,茎细长,节上生根,匍匐生长。叶片分浮水叶和沉水叶两种。浮水叶为黄绿色,叶表光滑,呈长椭圆形。沉水叶狭长,叶缘为波状,呈褐色。穗状花序从浮水叶的叶腋处抽生出来,呈黄绿色。小坚果呈宽卵形。

4. 猪殃殃

猪殃殃(图9-4)又称拉拉藤,是茜草科越年生或一年生杂草,为旱生

图9-3 眼子菜

夏收作物田中的恶性杂草。多枝、蔓生或攀缘状,茎呈四棱形,棱上和叶片背面中脉上都有倒钩刺,有6~8片轮生叶,叶片呈条状倒披针形。聚伞形花序腋生或顶生,有3~10朵黄绿色小花。小坚果呈球形,表面密生倒钩刺。

图9-4 猪殃殃

5.马齿苋

马齿苋(图9-5)又称马齿菜、长寿菜,是马齿苋科一年生杂草。茎匍匐,肉质,较光滑,无毛,呈紫红色,由基部四散分枝。叶片呈倒卵形,光滑,对生。花3~5朵簇生在枝顶,无梗,花瓣呈黄色。蒴果呈圆锥形,盖裂。种子多而细小,为肾状卵形,呈黑色。

图9-5 马齿苋

6. 牛繁缕

牛繁缕(图9-6)又称鹅肠草、乱眼子草,是石竹科一年生杂草。直立或平卧时,株高10~30厘米。茎细,呈绿色或紫色,基部多分枝,下部节上生根,茎上有一行短柔毛,其余部分无毛。叶对生,叶片呈长卵形,顶端锐尖,茎上部的叶无柄,下部叶有长柄。花具细长梗,下垂,花瓣微带紫色。蒴果呈卵形。种子呈黑色,表面有钝瘤。

图9-6 牛繁缕

7. 地锦

地锦(图9-7)又称红丝草、血见愁,是大戟科一年生夏季杂草。全体含白色乳汁。茎纤细、匍匐,呈红色,多叉状分枝。叶通常对生,无柄或稍具短柄。叶片呈卵形或长卵形,全缘或微具细齿,叶背呈紫色,下具小托叶。杯状聚伞花序,单生于枝腋或叶腋,花呈淡紫色。蒴果呈扁圆形,三棱状。

图9-7　地锦

8. 苘麻

苘麻(图9-8)是锦葵科苘麻属一年生草本植物,成株高1~2米,茎直

图9-8　苘麻

立生长,上部有分枝,上面分布着柔毛。叶互生,呈心形,先端尖,两面密生着星状的柔毛,叶柄比较长。花呈黄色,单生在叶腋,有5枚花瓣。蒴果呈半球形,种子呈肾形,有星状毛,成熟时呈黑色。

9. 马唐

马唐(图9-9)又称鸡爪草,是禾本科一年生晚春杂草。成株株高40~100厘米。茎多分枝,秆基部倾斜或横卧,着土后易生不定根叶。叶片呈条状披针形,叶鞘无毛或疏毛,有3~10枚总状花序,呈指状生长在秆顶。有两个小穗,一个有柄,一个无柄或具短柄。颖果呈椭圆形,有光泽。

图9-9　马唐

(二) 天敌的识别

瓢虫和食蚜蝇是比较常见的两类天敌昆虫,下面我们就向大家分别介绍一下这两类天敌昆虫中有代表性的昆虫:七星瓢虫和黑带食蚜蝇。

1. 七星瓢虫

七星瓢虫属于鞘翅目、瓢虫科,它可以捕食棉蚜、麦蚜、豆蚜、桃蚜等各种蚜虫及木虱、螨类等,是常见的天敌昆虫。七星瓢虫在我国一年可以发生4~7代,以成虫在土块下、小麦分蘖和根茎间的土缝中越冬。成虫有迁飞性、假死性和避光性,卵产于小麦叶片背面和麦穗上,有的产于土块表面或缝隙内。

七星瓢虫成虫(图9-10)体长5~7毫米,呈卵圆形,弧形拱起,背面光滑无毛。体色为橙红色,鞘翅上有7个黑色斑点。其中,位于小盾片下方的小盾斑被鞘缝分割成了两半。

图9-10　七星瓢虫成虫

七星瓢虫末龄幼虫体色为灰白色,第二腹节和第四腹节背面两侧各有一对橙黄色肉瘤,前胸背板中央有横行黑斑,黑斑前缘、侧缘和后缘角上的橙黄色肉瘤相连。

2. 黑带食蚜蝇

黑带食蚜蝇属于双翅目、食蚜蝇科,可以捕食蚜虫、介壳虫、粉虱、叶蝉、蓟马和小型的鳞翅目幼虫。它在我国一年可以发生5~7代,以幼虫或者蛹在土壤中越冬。成虫产卵于蚜群中或者蚜群附近,幼虫孵化以后就可以在周围取食蚜虫了。

黑带食蚜蝇成虫(图9-11)体长8~11毫米,头部大部分为棕黄色,额毛呈黑色,腹部基色为棕黄色,第一腹节背板呈黑绿色,第二、第三、第四节背板后缘各有1条黑色横带。黑带食蚜蝇幼虫为无足无头型,有点像蛆。

图9-11　黑带食蚜蝇成虫

第二节　主要病虫害发生期和发生量的调查

高级农作物植保员要求掌握一些主要病虫害的测报调查方法,重点掌握病害严重度和害虫发育进度的调查标准和方法。下面我们介绍稻瘟病叶瘟严重度调查、二化螟幼虫和蛹发育进度调查。

（一）稻瘟病叶瘟严重度调查

稻瘟病叶瘟严重度调查,从插秧后秧苗返青起至开始抽穗结束,每5天调查1次。调查方法:在刚开始发病后,选择有代表性的早、中、迟类型田的当家品种各1个,常年叶瘟与穗瘟显著相关的指示品种1个,每种类型的每块田在近田埂的第二、第三行稻内直线定查2点,每点查2丛稻,确定严重度。叶瘟病情分级标准:无病的为0级;病斑少而小,病斑面积占叶片面积1%以下的为1级;病斑小而多或大而少,病斑面积占叶片面积1%~5%的为2级;病斑大而且比较多,病斑面积占叶片面积5%~10%的为3级;病斑大而多,病斑面积占叶片面积10%~50%的为4级;病斑面积占叶片面积50%以上、全叶将枯死的为5级。最后,将调查结果填写到叶瘟定点调查记载表中。

二 二化螟幼虫和蛹发育进度调查

调查二化螟幼虫和蛹的发育进度,应当参考历史资料,在化蛹高峰前1~2天进行,一般调查2~3次,选择当地主要虫源田进行调查。各类型虫源发育进度差异不大时,可在各类型田里都拔取一些被害株,合并起来剥查计算。如果各类型虫源发育进度差异大时,采取分类型调查,采用加权计算方法。根据稻作、插秧期或防治等因素划分类型。选择虫口密度比较高的田块拔取被害株,每次剥到的活虫数应当在50条以上,将剥到的幼虫和蛹按标准进行分龄、分级,再按龄、级计算各自占活虫总数的百分比,供预测计算用。如果在一棵被害株里剥到的二化螟在1条以上,甚至几十条时,虫龄一致的可作1条计;如果虫龄不同,可以各计1条。最后,将调查结果记入二化螟幼虫和蛹发育进度调查表中。

为了便于概括和比较病虫测报资料,达到简明扼要、一目了然的目的,我们通常需要绘制病虫害统计图表。高级农作物植保员要求能掌握病虫害统计图表的编制技能。

▶ 第三节 病虫害统计图表的编制

制图一般有图像、图解和图表三类。图像最直观,在图像不能表达的情况下,可以用图解。图解一般可以分为内剖透视解剖图和综述图解两种。图表是常见的统计图,形式有很多,有线图、长条图、圆形图、频数直方图和频数多边形图等。线图可以表示某种现象随另一种现象而变

化的情况,也可以表示某种现象在一定时间内的动态。通常在直角坐标系上制作相关图。

一 不同类型的数据图制作方法

数据图包括算术图、对数图、百分率曲线图三种。

算术图可以看出峰期,但不容易看出微小变化。制作时,要求纵轴和横轴用等距离的数字,也就是算术尺度来表示,算术尺度只能用1、2、3……或10、20、30……符合一定数学规律的数字来表示其变化。

对数图可以缩小高峰和低峰的距离,使变化曲线更为明显。在制作对数图时,要准确定出相应的对数值,方法是:先定出对数值的首位,用整数部分位数减1,再从常用对数表中查得对数值的尾数。

百分率曲线图一般用于分析害虫各虫态的发生始盛期、高峰期、盛末期。如分析发蛾高峰,用如下公式:

$$发蛾率(\%) = \frac{每天蛾数}{总蛾数} \times 100\%$$

以发蛾率为纵轴 y,调查日期(月/日)为横轴 x,用某地区测报站某年诱捕越冬代棉铃虫成虫资料,就可以绘制出一条发蛾消长曲线。

百分率曲线图只有在全世代或全年发蛾终止以后才能作出,平时是作不出曲线图的。

二 制表方法

在病虫测报工作中经常应用的统计表格可以分为两大类:一类是调查记载表,一类是测报资料整理表。

我们在制表时,要反复推敲,使表的内容、标题、线条、数字等都符合统计要求,注意尽量避免重复的项目,并删除空白栏和不必要的备注栏。

制表时,标题必须简要说明表的内容,位于表的顶部中央。表号,如表1、表2等,不要加括号,位于左方,与标题有一定间距。表材料产生的地点、时间等,可以加括号标注在标题的后面。统计表的标目分为纵行标目和横行标目,标目文字要简明,必要时标目后用括号加注单位,如(℃)、(月/日)、(厘米)等,如果全表数字属于同一单位的,则用括号标注在标题后面。标目如要注释,在标目右上角记"*""**"等符号,置于表的底线正下方,用小号字体加脚注。注释文字不应当填入表内。为了方便核算,表内的数字小数点、个位数、十位数等,应当上下对齐,小数位以1~2位小数比较适宜。统计数字空缺时,以"一"字线"—"表明。

统计表一般不宜设计成很复杂的大表,但有时限于实际需要,会出现表很长甚至占几页的情况,每页表的表首都应当重复写上标题,并且在表顶部右方写上"续表1""续表2""续表3"。

第四节　病虫害防治适期和防治田块的查定方法

病虫害防治适期和防治田块的查定方法,通常称为"两查两定",即根据病虫害、天敌的发生进度,结合品种抗性、作物长势、气象因素等,确定防治适期;根据病虫害的实际发生程度,结合品种抗性、作物长势、气象条件,参照防治指标,确定防治田块。

下面以长江中下游稻麦产区的水稻主要病虫为例,介绍病虫害防治适期和防治田块的查定方法。

一 防治水稻穗颈瘟

防治水稻穗颈瘟,要先调查叶瘟情况,根据天气和品种来确定防治对象田。叶瘟与穗颈瘟在大部分水稻品种上都有发生。根据实践调查,水稻孕穗末期,总的绿色叶片叶瘟发病率在0.5%以上时,穗颈瘟损失率就可能在1%以上。因此,如果以防治指标为4%~5%的穗颈瘟损失率而言,则孕穗期病叶率达到3%时,可结合常年品种的抗病性、天气趋势做出判断,掌握适期,预防穗颈瘟的发生。早稻穗期降温25℃以下,晚稻穗期降温20℃以下,连续阴雨3天以上,对感病品种,即使达不到叶瘟防治指标,也都应当列为防治对象田。

穗颈瘟的防治适期是通过查抽穗期来确定的。如果气象条件有利于发病,应当进行孕穗末期、破口期和齐穗期喷药。晚稻齐穗后,如果天气仍然没有好转,处于灌浆期的水稻也应当在雨停间隙进行喷药。另外,防治适期还应当根据所用的农药性质来决定,有内吸保护作用的可以适当早喷,有治疗效果的可以适当迟喷。

二 防治水稻纹枯病

防治水稻纹枯病,要通过查苗情、看天气,来确定防治适期。水稻分蘖末期至孕穗期,如果遇到多雨、高温高湿、天气闷热等有利于病情发展的天气时,就定为防治适期。通过对对象田病情的调查,来确定防治指标。

防治水稻纹枯病,通过考查水稻丛发病率来确定防治对象田。考查水稻丛发病率的方法:按水稻插秧时期和生长情况分若干个类型,每个类型查2~3块田,每块直线取样,查50~100丛。防治指标:早稻分蘖拔节期丛发病率为10%~15%,孕穗期丛发病率为15%~20%,晚稻孕穗期丛发病率为25%~30%,达到防治指标田块,要及时防治。

三 防治水稻二化螟

防治水稻二化螟主要包括两项工作:一是防治枯鞘枯心苗,二是防治虫伤株。

防治枯鞘枯心苗,需要通过查枯鞘团的密度来确定防治田块。应当根据县、市病虫害测报站的预报,根据插秧期、苗情和品种等进行划分,对每种类型的田块,有代表性地选择2块田以上,每块田定1000~1500丛,做定田、定丛调查。采取3~5行直线连续取样法,逐丛仔细检查。在调查中,发现有2株以上为害症状,就作为1个枯鞘团。在卵块孵化高峰后的5~7天,凡查到每亩有枯鞘团100个以上的田块,就确定为全田施药对象田。

如防治虫伤株,则需要通过调查虫情和苗情来定防治的田块。我们可以根据县、市病虫害测报站的预报,从卵块孵化高峰期往后推算,把距离收割还需要20天以上的迟熟早稻,作为防治重点对象田。

四 防治水稻稻飞虱

防治水稻稻飞虱,应当根据县、市病虫害测报站防治适期的预报,对当地水稻不同品种类型、插秧期早迟和前一世代防治情况划分若干类型田,进行稻飞虱密度普查,根据实查虫量确定用药防治类型田。依据以治当代、控下代为目的的策略指标,每丛1只以上(相当于每亩4万只以上的)定为防治对象田。控当代,以保产为目的的防治指标,水稻孕穗至齐穗期,平均每丛稻株稻飞虱8~10只(相当于每亩20万只以上),乳熟期平均每丛15~20只(相当于每亩45万只以上),都应当进行施药防治。对于没有达到指标的田块,过4~5天再复查1次,复查已经达到指标的田块,立即施药1次,复查仍没有达到指标的可以不进行施药防治。

第十章 高级农作物植保员必备技术
——病虫害综合防治

本章为高级农作物植保员必备技术的病虫害综合防治（以下简称"综防"），主要内容包括综防计划的起草、综防措施的实施。

▶ 第一节 综防计划的起草

高级农作物植保员要求能结合实际对3种主要病虫害提出综防计划。这里我们向大家介绍水稻、小麦、棉花害虫的综防计划。

一 水稻害虫综合防治

根据水稻主要害虫的生活习性和发生规律，水稻害虫综合防治应当采取以选用抗虫品种为主，加强栽培管理，恶化害虫的生活条件，辅以合理用药，保护自然天敌的综防措施。

1. 选用抗虫耐害的品种

选用抗虫耐害的品种是一项经济、持久、有效的害虫防治措施，特别是对一些迁飞性水稻害虫尤为重要。

2. 合理栽培管理

统筹规划、合理布局，可以有效地控制水稻害虫。具体做法：避免早、中、晚稻混栽；同稻型、同品种成片种植，消灭插花田；调整播栽期，尽可能地使一地、一片水稻的生育期整齐划一，并使水稻的危险生育期避开害虫的高峰期,可有效地消灭"桥梁田",减少害虫的食物来源,从而减少害虫的发生数量和为害程度。

此外,还要搞好农田排灌设施,进行合理排灌,适时晒田,使稻苗生长健壮;坚持重施底肥、早施苗肥,不过多、过迟施氮肥,防止稻苗贪青徒长,减少水稻对害虫的引诱作用。

有条件的地方可设置诱杀田,面积占稻田面积的5%左右。栽种高肥、早栽或晚栽、长势好的水稻,诱集第一代或第二代螟虫及其他害虫,并且严密监测,重点防治。

3. 消灭越冬虫源

消灭越冬虫源也能有效地控制水稻害虫。具体做法:水稻收后及时翻耕灌水,清除田面稻桩;冬季及早春清除田边、沟边等处的杂草;春前处理有虫的玉米、高粱秸秆等。通过这些措施,能有效地消灭三化螟、二化螟、大螟、叶蝉、灰飞虱、稻苞虫、稻螟蛉、稻瘿蚊等害虫的越冬虫源。

4. 生物防治

在生物防治方面,可以采取各种有效措施保护天敌,增加天敌的数量,还可以使用生物农药进行防治。

5. 做好化学防治

由于各地区环境条件差异较大,各种害虫发生和为害情况不完全相同,所以要明确当地水稻的主要害虫,有针对性地使用农药进行化学防治。

在化学防治过程中,要使用窄谱农药保护天敌,并且注意合理施药:使用选择性或内吸性药剂;尽可能不采用喷雾或泼浇法,而采用颗粒剂或土壤施药;避免在天敌繁殖、活动期间用药;轮换农药品种,选用复配剂;选择适宜的施药时期;一次防治、兼治多种害虫等。

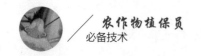
二 小麦害虫综合防治

我国麦区辽阔,不同麦区自然地理、农业生境、栽培制度差异较大,害虫种类和发生、消长的规律各不相同。总体而言,冬麦区应当以地下害虫、麦蚜、吸浆虫、小麦害螨为重点防治对象;春麦区应当以麦蚜、黏虫为重点防治对象。

下面以小麦的生育阶段为主线,把重点害虫防治贯穿于整个麦田管理的始终。

1.备耕阶段

在备耕阶段,我们首先要做好麦田规划。在冬、春麦混种区,应当尽可能地缩减冬小麦的种植面积,或者冬、春麦分别集中种植,从而减轻麦二叉蚜的为害。其次要选用抗虫品种,这是防治小麦害虫最经济、有效的途径。另外,麦田应当尽可能与其他作物实行轮作,在地下害虫、小麦吸浆虫、小麦害螨等为害严重的区域,最好与油菜、豌豆、棉花等作物进行合理轮作。在麦收后应当立即进行浅耕灭茬,这对潜伏在浅土层的吸浆虫幼虫、小麦害螨、蛴螬等都有很强的杀伤作用。

2.播种至秋苗阶段

小麦适当晚播,既可防止冬前旺长,又可避过麦蚜、麦秆蝇迁入高峰期,同时可减轻地下害虫、小麦害螨为害。

在地下害虫为害严重的地区,可用50%辛硫磷乳油等具有触杀和胃毒作用的杀虫剂进行拌种;在麦二叉蚜、条斑叶蝉、灰飞虱、小麦害螨等严重发生的地区,可使用吡虫啉等内吸性杀虫剂进行拌种。

在秋苗期,应根据害虫田间调查结果,对麦二叉蚜和小麦害螨等发生严重的田块及时进行药剂防治。

3. 返青至拔节阶段

春季小麦返青至拔节期,麦田害虫主要是地下害虫和小麦害螨,特别是北方旱作冬小麦产区,地下害虫在局部地区常可造成毁灭性的灾害。

早春小麦返青后,要及时碾耙。在黄矮病流行区,要及时用药剂防治麦二叉蚜,以免病毒病大发生。在地下害虫为害严重的田块,田间撒施毒土并浅锄。

4. 孕穗、抽穗阶段

孕穗期和抽穗期是小麦吸浆虫防治的关键时期。在孕穗期,小麦吸浆虫正处于化蛹期,可以撒毒土防治。抽穗期是小麦吸浆虫成虫的盛发期,可以采用撒毒土或喷雾的方法防治,同时兼治麦蚜、黏虫和小麦叶蜂等害虫。

5. 灌浆阶段

小麦灌浆期是麦蚜种群数量急剧增长并达到高峰的时期,是麦蚜防治的关键时期,同时也是天敌(如各种瓢虫、食蚜蝇、蚜茧蜂等)的种群数量最多的时期,既要防治蚜虫,又要注意保护天敌。用药方面,可以选用抗蚜威、苦参碱、噻虫嗪等药剂进行防治。

（三）棉花害虫综合防治

棉花害虫的防治要贯彻"预防为主,综合防治"的植保方针,开展以农业防治为基础、生态调控为中心、诱杀成虫为关键、科学用药为重点的统防统治。

1. 越冬期

冬春季节,棉花害虫多处于越冬或活动初级阶段,是预防棉虫为害的有利时机,应采取一切可行措施,压低虫口基数,为全年防治打好基

础。特别是棉红铃虫,应以越冬期防治为重点。首先,要合理安排作物布局,实行轮作倒茬,可以与小麦、油菜等夏熟作物插花种植或条带种植。其次,要加强农作管理,及时清除棉田枯枝落叶,做好深翻冬灌。

2. 播种期

播种期主要预防棉蚜、棉叶螨、棉盲蝽和地老虎等害虫。在棉铃虫重发区要注意选用抗虫棉品种,这是减少虫害的有效措施之一。在棉苗出土前,及时清除田内和田边杂草,这样可以预防地老虎和棉叶螨为害。

我们也可以在棉田里套种油菜,繁瓢控蚜,具体做法:每隔8~12行棉花,插播1行甘蓝型油菜。因为油菜更容易吸引蚜虫来为害,而大量的蚜虫又可以吸引瓢虫前来,这样就可以以此为基础,繁殖出更多的瓢虫了。瓢虫多了以后,就会向外扩散,从而达到控制棉田蚜虫的目的。

3. 苗期

苗期的主要防治对象是棉蚜、棉蓟马和地老虎。第一,要加强田间管理,破除板结,适时间苗、定苗,将病虫苗带出田外深埋。第二,要以瓢控蚜,在5月中旬从麦田、油菜田扫捕瓢虫向棉田转移,以控制棉蚜为害。第三,要合理施药,可以撒施毒土,挑治地老虎。当地老虎幼虫处于1~2龄盛期、叶被害株率在10%~15%时,可用敌百虫粉剂拌细土,撒施于棉苗行间。也可根据蚜情,用噻虫嗪、抗蚜威等药剂进行局部挑治。

4. 蕾铃期

蕾铃期的主要防治对象为棉铃虫、棉盲蝽、棉叶螨、棉蚜、棉红铃虫等,具体可以采取诱蛾灭虫、生物防治和喷药防治3种方法。

诱蛾灭虫,可以在害虫发生初盛期至盛末期,用杨树枝把或黑光灯诱杀,也可使用棉铃虫性诱剂诱虫。

生物防治,可以在棉铃虫产卵初盛期至盛末期释放赤眼蜂2~3次。此外,还可以喷细菌农药或病毒制剂,主治棉铃虫和棉红铃虫,兼治小造桥虫和其他鳞翅目害虫。

喷药防治,应当在害虫达到防治指标时,根据主要害虫的种类,选用适宜药剂,及时防治。

第二节　综防措施的实施

高级农作物植保员要求能够按照综防计划,组织落实综防措施。这里我们主要从农业防治和化学防治两个方面分别介绍水稻的几种主要病虫害的综防措施。

一　水稻稻瘟病综防措施的实施

1. 农业防治

水稻稻瘟病的农业防治措施:选用抗病品种,加强肥水管理,适当施用含硅酸的肥料,做到施足钾肥,早施追肥,中期看苗施肥,冷浸田应当注意增施磷肥。

2. 化学防治

防治叶瘟须在田间初见病斑时施药,预防穗颈瘟须在破口抽穗初期施药,气候适宜、病害流行时,应间隔7天进行第二次施药。选用春雷霉素、多抗霉素、申嗪霉素、三环唑、丙硫唑、咪铜·氟环唑、嘧菌酯等药剂。

二　水稻纹枯病综防措施的实施

1. 农业防治

水稻纹枯病的农业防治措施:首先,选择抗病品种种植;其次,要加强田间管理。在田间管理方面,春耕灌水时,捞去水面浪渣和浮沫,带到

田外烧毁或深埋,减少田间菌核数量。施肥方面,应该施足基肥,早施追肥,控制氮肥用量,增施磷、钾肥,防止苗期猛发、后期徒长和贪青倒伏。分蘖期要实行浅灌,孕穗后要实行干干湿湿的管水原则,适时晒田,发病田块实行放水晒田,可以缓解纹枯病的发生程度。

2. 化学防治

对历年发病早而重的稻田,在分蘖期,当病丛率在10%~15%时,施药防治。施药后10~15天,如果病情仍在发展,需要再施药1次。对一般发病的田块,应当在拔节至孕穗期,当病丛率达20%时及时施药。药剂选用苯甲·嘧菌酯、多抗霉素、氟环唑、咪铜·氟环唑、噻呋酰胺等。喷药时,重点喷洒水稻基部。

三 水稻白叶枯病综防措施的实施

防治水稻白叶枯病,应以选用抗病品种为基础,在减少菌源的前提下,狠抓肥水管理,辅以药剂防治,重点抓好秧田期的水浆管理和药剂防治。

1. 农业防治

在农业防治措施上,首先要选用抗病品种。另外,还要加强田间管理,及时清理病田稻草残渣,病稻草不直接还田。注意选好秧田位置,严防淹苗。秧田应选择地势高、无病、排灌方便的地方,远离稻草堆、打谷场和晒场等地,连作晚稻秧田还应当远离早稻病田。平整稻田,防止串灌、漫灌传播病害。适时、适度晒田,施足底肥,多施磷、钾肥,不要过量、过迟追施氮肥。

2. 化学防治

当大田发现少量病株时,应当马上摘除病叶或拔除整株,装入塑料袋,带出稻田销毁,并且及时用药剂防治,以达到"发现一点、防治一块、保护一片"的效果。药剂可选用噻唑锌、噻霉酮、噻森铜、氯溴异氰尿酸等,一般间隔7~10天喷1次,发病早的喷2次,发病迟的喷1次。喷药时,从外围开始向发病中心施药,越接近发病中心,施药量应当相应增加。

（四）稻曲病综防措施的实施

1. 农业防治

防治稻曲病,在农业防治方面,应选用抗病、早熟品种,播种前做好种子消毒工作,可先用泥水或盐水选种,剔除病粒,再用50%多菌灵1000倍液浸种24~48小时。

生产中,要改进施肥技术,施足基肥,增施农家肥,少施氮肥,配施磷、钾肥,谨慎使用穗肥。同时要科学管水,浅水栽秧,寸水返青,薄水分蘖,苗够适时晒田,寸水促穗,湿润壮籽。对于发病稻田,在水稻收割后要深翻、晒田。

2. 化学防治

田间施药防治稻曲病应在水稻孕穗后期、破口期及齐穗期施药,最迟不能晚于齐穗期,最佳时期应选在孕穗后期,水稻破口前5天左右。药剂可选用氟环唑、咪铜·氟环唑、申嗪霉素、苯甲·丙环唑、肟菌·戊唑醇等。

（五）水稻二化螟综防措施的实施

1. 农业防治

因地制宜,推广抗螟品种和灌水灭蛹,清理好越冬期间未处理完的禾苑和其他寄主残株,减少越冬虫口基数,春耕灌水浸田,施用硅肥,提高水稻抗性,将稻草外运,减少虫源。

在二化螟孵化高峰和孵化末期各灌1次水,水深要达到能淹没叶鞘

的深度,保持2~3天,以防止幼虫钻入水稻,并淹死幼虫。另外,在二化螟化蛹前排干稻田积水,等化蛹完之后,再灌12~15厘米深的水,保持2~3天,可以达到灭蛹的效果。

2. 生物防治

在二化螟主害代蛾始盛期释放稻螟赤眼蜂,每代放蜂2~3次,间隔3~5天,每亩均匀放置5~8点,每次放蜂量为每亩8000~10000头。蜂卡放置高度以分蘖期高于植株顶端5~20厘米、穗期低于植株顶端5~10厘米为宜;释放球可直接抛入田中。高温季节宜在傍晚放蜂。有条件的稻田,可以采用稻鸭共养模式栽培,通过鸭子的取食活动,减轻二化螟为害。

3. 化学防治

化学防治的防治适期掌握在卵孵高峰期后5~7天,可选用甲氧虫酰肼、氯虫苯甲酰胺等低风险化学农药。

(六) 稻飞虱综防措施的实施

稻飞虱是我国水稻的主要害虫,在田间常与稻叶蝉混合发生。

我国危害水稻的稻飞虱主要有褐飞虱、白背飞虱和灰飞虱3种,其中以褐飞虱发生和为害最重,其次是白背飞虱。对于稻飞虱的综合防治,应当以农业防治为基础,提倡生物防治,同时经济、合理地进行化学防治,多种防治措施协调配套,提高整体防治效果。

1. 农业防治

加强田间肥水管理,实施配方施肥,平衡营养,不偏施氮肥,防止后期贪青徒长,增施磷、钾、硅肥,提高水稻对稻飞虱的抗性。科学管水,坚持浅水勤灌,适时晒田,做到时到不等苗、苗到不等时。

2. 生物防治

根据稻飞虱集中为害基部的特点,可进行稻田养鸭防治,采用稻鸭共栖的形式进行防治。中稻移栽后5~7天,每亩稻田放10~12日龄雏鸭10~15只,早稻、晚稻每亩投放鸭龄20天以上鸭10只,或在稻飞虱发生盛期,每亩稻田放20~25只鸭,对稻飞虱都有一定的控制作用。

3. 化学防治

在若虫孵化高峰至2~3龄若虫发生盛期施药防治,药剂可选用醚菊酯、烯啶虫胺、吡蚜酮、呋虫胺、氟啶虫酰胺、三氟苯嘧啶等高效、低生态风险的化学药剂。

第十一章 高级农作物植保员必备技术
——农药与药械的使用

本章为高级农作物植保员必备技术——农药与药械的使用,主要内容包括多种剂型农药的配制与使用、农药中毒及预防、自走式对靶风送喷雾机的科学使用。

▶ 第一节　多种剂型农药的配制与使用

高级农作物植保员要求在了解主要农药性质的基础上,能进行多种剂型农药的配制。

下面,我们向大家介绍几种不同类型的农药的使用注意事项。

一 不同类型农药的使用注意事项

杀虫剂、杀菌剂、除草剂和生长调节剂等不同类型的农药在混用之前,应当充分了解它们的性质与特点,科学混合使用,才能最大限度地发挥它们的效用,防止药效降低或者产生药害。

二 杀虫剂使用注意事项

绝大多数有机磷类杀虫剂在碱性条件下易分解,不能与波尔多液、石硫合剂、氨水等碱性药物和肥料混用,也不能与有机氮类农药混配,除此之外,可以与大多数其他农药混用。

有机氮类杀虫剂,如涕灭威、克百威、抗蚜威等,不能与碱性物质和有机磷类农药混用,但是可以与有机磷农药间隔一定时间交替使用。

拟除虫菊酯类杀虫剂除不能与碱性物质混用外,可以与其他农药混用,而且与其他杀虫剂混用或交替使用还可以延缓害虫的抗药性。

(三) 杀菌剂使用注意事项

无机杀菌剂,如石硫合剂、波尔多液等,都属于碱性农药,不能与绝大多数其他农药混用,并且要间隔一段时间才能交替使用。

有机硫杀菌剂,如代森锌、代森锰锌、福美双等,不能与酸碱物质及甲基托布津混用,可以与多数中性农药混用。

有机磷杀菌剂,如异稻瘟净、乙磷铝等,不可与强酸、强碱性农药混用,也不可与有机磷杀虫剂混用,与多菌灵、福美双、代森锰锌等混用可提高药效。

取代苯类杀菌剂,如五氯硝基苯、百菌清、敌磺钠、甲基硫菌灵、甲霜灵等,除百菌清稳定性较强外,其他多数遇碱分解,因此不能与碱性物质混用。另外,甲基硫菌灵遇铜制剂分解,甲霜灵单独使用容易使病菌产生抗药性,最好与代森锰锌等混合使用。

(四) 除草剂使用注意事项

除草剂一般情况下不混合使用,如果混用,两种除草剂必须灭杀草谱不同,使用适期与使用方法相同,混合用量应该为单一用量的1/3~1/2。

(五) 植物生长调节剂使用注意事项

植物生长调节剂与杀虫、杀菌剂配合施用,可提高病虫害的防治效

果,增加产量,防落素、多效唑性质稳定,适宜与其他农药混用;而乙烯利遇碱分解,不能与碱性物质混用;绿风95(植物生长调节剂)不能与代森类、福美类杀菌剂混用,如果交替使用,应当间隔较长时间。

在生产中,为了减少喷药次数、降低劳动强度、提高药效,我们往往需要将多种剂型农药进行混配。但如果混配不当,就会产生副作用,影响药效,甚至还会产生药害。

六 农药的混配

农药的混配应当遵循以下原则:一是不应影响有效成分的化学稳定性,二是不能破坏药剂的物理性状,三是要注意混配药剂的使用范围。具体操作时,要注意酸性农药与碱性农药不能混配;混配的农药种类不宜超过4种,要随配随用,混配后不能放置太久;同种有效成分的农药不要混配;混配后如果出现冒泡、沉淀、有刺激性气味或农药原有颜色发生变化等现象,就不宜混配,更不能喷施到作物上。

颗粒剂多用于混土施用或者放置于害虫出没的区域,一般不和水剂、乳油进行混配;在混配农药时,应当按可湿性粉剂、悬浮剂、水剂、乳油的顺序依次加入,先用足量的水加入第一种药剂(可湿性粉剂),充分搅拌均匀后,再用这个已经混匀的药液稀释其他剂型的农药,千万不能先将各种不同剂型的农药混合。加入各种药剂之后,不断地进行搅拌,直至不离析分层,说明药液已经配制好了。

高级农作物植保员要求了解农药中毒的类型及造成农药中毒的原因,掌握防止农药中毒的措施。

第二节　农药中毒及预防

农药中毒是指在使用或接触农药的过程中,农药进入人体的量超过了正常的最大忍受量,使人的正常生理功能受到影响,出现生理失调、病理改变等中毒症状。

按中毒后人体所受损害程度的不同,可分为轻度、中度、重度中毒三类。按中毒症状反应快慢,可分为急性中毒、亚急性中毒和慢性中毒三类。按接触农药的场所不同,可分为生产性中毒和非生产性中毒。

农药进入人体产生中毒的途径有三种:一是经口,通过消化道进入人体;二是经皮,通过皮肤吸收;三是通过呼吸道吸入。因此,防止农药中毒事故的发生,应针对这三个方面来进行防范,尽可能防止农药从口、鼻、皮肤进入人体,重点应当防止皮肤污染。

预防农药中毒发生的措施主要包括以下五个方面。一要严格按照《农药安全使用规定》正确选用农药,尽可能选用高效、低毒、低残留的农药,同时把握合理的施药浓度。二要挑选和培训施药人员。施药人员应当是身体健康的青壮年,并且经过技术培训,掌握安全用药知识和具备自我救护技能,凡是年老多病、有病还没有恢复、对农药过敏、皮肤损伤还没有愈合的人,或是处在孕期、哺乳期和经期的妇女及未成年人等,不能喷施农药。三要安全、科学、合理地配制农药,配制农药要远离水源和居民住宅区。配药人员应当穿必要的防护服,戴上胶皮手套、口罩,避免皮肤与农药接触或吸入粉尘、烟雾等。不能用手直接接触药液,更不要将手臂伸入药液当中去搅拌。要用专用量具,严格按照说明书中规定的剂量取农药。尽量不要用瓶盖量取农药,也不能用装饮用水的桶配

药。打开农药瓶塞或农药包装时,脸部尽量离瓶口或袋口远一些,药剂倒入药箱后,要轻轻搅匀,防止用力过猛,使药液溅出污染皮肤。处理粉剂和可湿性粉剂时,要注意防止粉尘飞扬。倒可湿性粉剂时,应当站在上风处,并且使袋口尽量接近药箱,防止粉尘和飞扬物被风吹走。在用药剂拌种的时候,严禁直接用手搅拌。应当戴胶皮手套操作或用工具搅拌,拌过药的种子尽量用机具播种,如果用手点播,务必要戴上胶皮手套,防止皮肤吸收中毒。四要做好个人防护。个人防护说起来比较复杂,容不得半点疏忽,施药人员必须穿长衣、长裤和防护服,戴好帽子、口罩和防护手套,穿上胶鞋,有条件的要尽量戴防毒面具,不要使皮肤外露。在施药过程中,不能用手擦汗、擦拭嘴、擦脸、擦眼睛,不能抽烟、喝酒、喝水或吃东西。五要根据天气安全施药,要根据风力、风向、晴雨等天气情况施药。尽量选择在晴天无雨、三级风以下的天气条件下作业,三级风以上、下雨天都不能喷施农药;早晨有露水的时候不能喷药;喷雾或喷粉时,最好选择无风天进行。施药时,操作人员应当站在上风处,实行顺风隔行施药,绝对不能逆风喷洒农药。施药人员的行走方向应当顺着风的方向,并且要随时根据风向的变化,及时调整行走和喷药方向。

夏季高温季节,应当在上午10点之前、下午3点之后喷药,避开中午高温时间。施药人员每天的工作时间一般不要超过6个小时,连续施药不能超过5天,施药3~5天,中间应当休息1天。

要正确使用药械,若药械发生故障,应及时维修。喷药前要仔细检查药械的开关、接头、喷头等处的螺丝是否拧紧,药桶有没有渗漏现象。喷高大果树使用的加长水管,应当检查其接口是否严密、管壁是否有喷射、泄漏等问题。使用背负式喷雾器时,应当在背部垫一层塑料布,防止桶内药液溢出,浸湿衣服,污染皮肤。药桶不能装得太满,药液一般不超过药桶容积的3/4。当药械出现喷头堵塞或滴漏等故障时,应当及时维修,不能用有跑、冒、滴、漏现象的喷雾器施药,更不能直接用嘴吹、吸喷嘴。正确的做法应该是用细铁丝把堵塞物捅开,然后把细铁丝绑在喷杆上备用。如果出现的故障比较大,应当用清水将施药器械冲洗后再找专业维修人员进行全面维修,修好后才能继续使用。

施药结束后,要及时清洗药械,妥善处理残药和包装。清洗药械要避开人畜饮用水源。盛装农药的器具没有洗净不能直接下河沟,以免污染水源。清洗药械的污水不能随地倾倒,应当进行深埋处理或倒在刚打过农药的作物地里。剩余的农药、毒土、毒饵等要妥善处理和保管,药剂处理后没有施用完的种子应当及时销毁,不准用作口粮。用过的药瓶和包装袋应当进行深埋或焚毁处理,千万不能随意丢弃,更不能用来盛装粮油、食品、饮料和饲料等。

每次施药作业结束后,要立即脱下防护服和其他防护用品,装入事先准备好的塑料袋中带回处理。到家后,先用肥皂将手和脸清洗干净,然后及时洗澡,更换干净衣服。带回的防护服和手套等其他防护用品,应当彻底清洗2~3遍,然后放到阳光下晾晒。施药人员一旦有头痛、头昏、恶心、呕吐等中毒症状时,应当立即停止施药,离开施药现场,迅速脱掉被污染的衣服,并且漱口,冲洗手、脸和其他暴露部位。如果情况比较严重,应当在他人的帮助下,带上农药标签,及时去医院进行对症治疗。

果园内种植的作物一般面积比较大,生长健壮,枝叶繁茂,使用常规施药器械效率低,药液的穿透性和附着性都不是很理想,有没有什么施药器械能够很好地解决这些问题呢? 下面,我们就向大家介绍一种精准、高效的新型施药器械——自走式对靶风送喷雾机。

▶ 第三节　自走式对靶风送喷雾机的科学使用

　　自走式对靶风送喷雾机由机架、药箱、增速箱、液泵、风机和喷头等部件构成,以拖拉机为牵引设备,通过管路系统对药液进行过滤、高压、再过滤、分压等一系列处理,将药液传输到喷头进行喷雾。

　　自走式对靶风送喷雾机特别适合果园内的病虫害防治,具有工作压力高、喷雾幅宽、工作效率高、劳动强度低等特点,生产中正逐步推广。

一　施药前的准备

　　先将存放在室内的喷雾机取出来,与拖拉机连接好,然后用拖拉机将喷雾机运到室外,停放在平坦的地面上,关闭拖拉机。接下来,检查拖拉机的机油。检查时,将机油箱上的油标尺拔出,用抹布擦净油标尺。油标尺上有两个刻度线,机油应当保持在两个刻度线之间。检查时,将擦净的油标尺插进油箱内,取出后查看机油箱内的机油量,确认机油量合适后,将油标尺插回机油箱就可以了。检查完机油箱以后,将水箱盖打开,用水管将水箱加满水,然后将水箱盖盖上。拖拉机可以正常工作以后,首先连接电路部分。将电源线一端与电瓶连接牢固,另一端连到控制箱。与控制箱连接时,要注意正负极方向。将电路部分连接好以后,可以检测探测器的灵敏度。检查时,打开电源开关,电源指示灯亮,用手在探测器前晃动,如果听到"咔咔"的响声,证明探测器工作正常,当用手在某个探测器前晃动却听不到响声时,就要打开控制箱查看原因。检测完探测器的灵敏度以后,就可以连接动力部分了。取出万向传动轴,首先把与喷雾器对应的一端连接好,然后将另一端与拖拉机相连,连接时将卡槽对好,使螺丝通过钢板和传动轴,最后将螺母拧紧,固定好传动轴。将喷雾机和拖拉机连接好以后,还要检查三角带的松紧度。首先是连接液泵的三角带,检查时用手下压三角带,如果发现三角带连接不够紧,可以通过调节液泵的位置拉紧三角带,固定液泵的机座上面有滑槽,松开螺母就可以调节了。检查完连接液泵的三角带,还要检查连接泵机的三角带,检查过程和调节方法基本相同。

确定喷雾机的动力传输没有问题后,向药箱内加入部分清水。将电源打开,确认控制按钮也在打开状态,启动动力装置。启动动力装置后,可以发现压力表指针上升,这时要根据压力需要拧动调节手轮,将喷雾压力调节到合适大小。有了稳定的液压,我们再来检查喷头的喷雾情况。检查时仍然用手在每个探测器前晃动,这时可以看到探测器对应的喷头开始喷雾,如果哪个喷头不喷雾,可以通过检查这个喷头和管路来排除故障。确认喷雾机没有问题后,将机器关闭,开始配置药液。

配药前先放掉药箱内的剩余药液,将量好的药剂倒入配药桶,适当搅拌药液,最后将配制好的药液倒入药箱。需要注意的是,倒药时,工作人员要穿长衣、长裤,并且戴上防护口罩。盖上药箱盖,药液就加完了。现在我们发动拖拉机,将喷雾机调节到较高位置后,就可以去果园施药了。这时,操作人员同样要有戴草帽、口罩等防护措施,尽量保持拖拉机低速行驶。

拖拉机来到果园以后,找一个合适的地方停下。这时,操作人员要先根据植株的高低调节风机两侧的导流板仰角,然后调节自动探测器。探测器是喷雾准确的关键,调节时根据两侧的作物生长情况,使每侧的探测器都能探测到各侧的作物情况。探测器调节好以后,还要调节喷头,因为探测器探测到作物以后,最后是由它所对应的两个喷头来进行喷雾的。将导流板、探测器都调节好以后,要检验调整后的角度是否合

适。检验前,在喷头上系好细绳,检测时,可以将风机打开,根据细绳飘动的方向,目测喷雾角度是否合适,也可以通过两侧作物的晃动,来观察喷雾的角度。这样就完成了喷雾前的调整。

二 施药方法

施药作业时,从果园的一端开始。当风机接近作物时,打开控制箱电源,这样喷头就会根据探测结果开始喷雾。由于没有作物时喷头会停止喷雾,而有作物时又马上开始喷雾,因此在喷雾机喷到地头将要转弯时,要停止动力输出,换好行之后再开始喷雾。

三 施药后的清洗与保养

完成果园的喷雾作业后,要对喷雾机进行清洗和保养。首先,在药箱内加入部分清水,再次发动机器。清水喷出时会清洗管路和喷头。清洗一定时间以后,将剩余的水通过放水阀放出。为了彻底地清洗喷头,将喷头拧开,取出里面的喷嘴和滤网,在清水中用刷子刷洗。清洗完成后,将喷头安装好。最后,用清水将抹布清洗干净,擦拭掉喷雾器外围残留的药液。在不使用时,应该把喷雾机存放在能够遮风避雨的室内,并且保持室内干燥通风。